内在疗愈

为什么努力了没回报

"心理咨询师教你提升心理能力"编写组 — 编著

中国纺织出版社有限公司

内 容 提 要

没有人能随随便便成功。世界上任何一件事的做成，都需要坚持和努力。一些人感叹为什么努力了没回报？答案是你还没有竭尽全力。我们不能祈求事事如意，唯求时时努力，唯有竭尽全力去奋斗，方能体会收获的快乐。

本书通过大量通俗易懂且意味深长而富有哲理的事例，告诫那些正在人生路上默默奋斗却内心迷茫的人，当你努力了看不到成果时，不要灰心，也不要怀疑自己，因为唯有坚持再坚持，只有努力再努力，才会看到成功的希望，才不会辜负生命的意义。

图书在版编目（CIP）数据

内在疗愈. 为什么努力了没回报 / "心理咨询师教你提升心理能力"编写组编著. -- 北京：中国纺织出版社有限公司，2024.5
ISBN 978-7-5229-1591-3

Ⅰ. ①内… Ⅱ. ①心… Ⅲ. ①心理学—通俗读物 Ⅳ. ①B84-49

中国国家版本馆CIP数据核字（2024）第066796号

责任编辑：林 启　　责任校对：高 涵　　责任印制：储志伟

中国纺织出版社有限公司出版发行
地址：北京市朝阳区百子湾东里A407号楼　邮政编码：100124
销售电话：010—67004422　　传真：010—87155801
http://www.c-textilep.com
中国纺织出版社天猫旗舰店
官方微博 http://weibo.com/2119887771
天津千鹤文化传播有限公司印刷　各地新华书店经销
2024年5月第1版第1次印刷
开本：880×1230　1/32　印张：7
字数：130千字　定价：49.80元

凡购本书，如有缺页、倒页、脱页，由本社图书营销中心调换

前言
Preface

人生在世，几乎每个人对于人生都有自己的梦想和渴望，也对未来怀着美好的憧憬。然而，成功者只有极少数，大部分人还是失败了，为什么呢？不少人会说，我努力过了，但是没有回报，所以我放弃了。其实，扪心自问，你真的竭尽全力了吗？如果你的答案是否定的，那么，你大概就能知道自己失败的原因了。要知道，没有人能随随便便成功，拼的就是一个人的耐力，因为成功之路绝非一帆风顺，对于那些已经实现了人生梦想的成功者，无一不是在人生路上不断奋斗和努力，最终走出人生困境，迈过人生坎坷的。他们很清楚，有梦想只是人生起航的第一步，随之而来的是，必须把梦想变成现实，勇敢地迈出实现梦想的第一步，这样的人生才能不再晦暗，未来也才会充满光明和希望。

因此，生活中的人们，如果你想做成事，想获得成功，就要有全力以赴的精神，做到不抛弃、不放弃。

德国大作家歌德说过："人们在那里高谈阔论着天气和灵感之类的东西，我却像打金锁链那样苦心劳动着，把一个个小环节非常合适地连接起来。"的确，任何人、任何事情的成功，固然有很多方法，但最根本的就是需要坚持。当我们面临

内在疗愈
为什么努力了没回报

考验之际，往往会一直以为是已经到了绝境，但此时，不妨静下心来想一想，难道真的没有机会了吗？当然不，只要你不放弃、不遗余力地去做，你会发现，你经受的只是一个考验，考验过后就是光明，就是成功。

生活中的人们，在你追求成功的过程中一定充满了挫折与失败。挫折是生活的组成部分，你总会遇到。世间的万事万物，无一不是在挫折中前进的。即使是灾难也不足以让你垂头丧气，但有时候，可能一次可怕的遭遇会使你倍受打击，认为未来都失去了意义。在这种情况下，你必须相信：灾难中也常常蕴含着未来的机遇。

因此，生活中正在奋斗的人们，当你努力了还没回报时，千万不要放弃，因为要成功就必须付出超出常人的努力，否则就无法在严酷的竞争中立足。而且这种努力不是一时的，而必须是持续不断、永无止境的。正如日本京瓷公司创始人稻盛和夫曾说："所谓已经不行了，已经无能为力了，只不过是过程中的事。竭尽全力直到极限就一定能成功。"

那么现在，你是否觉得急需一个导师来重新规划自己的人生？是否需要一剂强心剂来振奋你疲惫的心？你是否差一点就放弃了？本书就是一本给人力量、促人奋斗的励志读物，它犹如一位智者娓娓道来，帮助你唤醒梦想，从当下疲惫的状态中解脱出来。它会成为你在奋斗过程中的精神导师，帮助你排疑解惑，找到人生努力的方向和动力。读完本书，你会获得力量，会找到奋斗的方向，最终掌控自己的人生，实现自己的人生价值！

编著者

2023年12月

目录
Contents

第 1 章 当你足够努力时，好运就不远了　001

努力达到极限，你就能看到成果　002

绝不屈服，你就是强者　006

马上行动，别在等待中浪费时间　010

分秒必争，绝不浪费一点一滴的时间　014

自身的成长，得益于一颗坚强的心　018

第 2 章 你认为的平凡可贵，不过是你不思进取的借口　023

年轻，就该无怨无悔和勇往直前　024

只要你愿意，你就能创造奇迹　028

将就，不是生活该有的姿态　031

你还年轻，怎能混吃等死　035

别吹毛求疵，不完美才是真实　038

第 3 章 有方向和目标，脚下才有路　043

勇敢跨过前面的障碍　044

梦想，是人生的指明灯　048

你不优秀，又怎能奢望掌声　051
破釜沉舟的决心，会让你有一番成就　056
不只要敢想，还必须要敢做　061

第4章 现在的你，只是看起来很努力　067

你就是你，不是他人的影子　068
贪图安逸，人生毫无意义　071
唯有努力，才能让你瞩目　073
生活向前，你不能止步不前　076
临渊羡鱼，不如退而结网　079

第5章 一个人就是一支队伍，做自己人生的英雄　083

成全自己，是爱自己的表现　084
每一个做自己的人都是盖世英雄　087
沙砾到珍珠的蜕变，注定艰辛　092
你该走的路，谁也不能代替　096
内心强大，主宰自己的人生　100
人生要按照自己的想法来经营　103

第6章 不必恐惧，孤独是人生的常态　107

真正能陪你到最后的，只有你自己　108

目录

学会独自面对孤独，意味着你成长了　111

当车到站时，哪怕不舍也要告别　114

人生，就是一场漫长的修行之旅　118

孤独，是人生的常态　121

第7章 别人的光芒，是用汗水和泪水换来的　125

美好的未来，需要从改变自己开始　126

生活再难，也要笑一笑　129

与其抱怨不公平，不如奋起改变世界　132

别自怨自艾，比你不幸的人有很多　136

一旦心改变，整个世界也会改变　138

张开怀抱，拥抱世界　141

你不付出，哪来收获　145

第8章 年轻就是资本，失败了大不了从头再来　149

不怕犯错，总好过停滞不前　150

哭过笑过，生活还要继续　153

犯错很正常，不要自怨自艾　157

人生没有回头路，你只有努力向前　161

只要努力，你总会将磨难踩在脚下　164

003

内在疗愈
为什么努力了没回报

第9章 你在做什么，决定了你能成为什么样的人　169

努力奔跑，实现人生的辉煌　170

决不放弃，练就坚强的个性　174

唯有竭尽全力地奋斗，你才能成为你想成为的人　177

你不出去，怎能找到出路　181

你和你的掌纹一样，独一无二　184

你改变不了环境，但你可以改变自己　187

第10章 那些泥泞的日子，会造就优秀的你　191

痛苦，是心灵成长的必经之路　192

你唯有奋力进取，才能走出泥泞　196

只是努力还不够，你要竭尽全力　201

只要你坚持下去，世界都会为你让路　205

唯有勇于承担责任，才能竭尽全力做得更好　208

参考文献　213

第 1 章

当你足够努力时，好运就不远了

越努力，越幸运。简简单单的六个字，为我们揭示了生活的真相，也让我们领悟了人生的真谛。任何情况下，都不要因为所谓的公平与不公平而放弃努力，哪怕我们在辛苦付出之后所到达的终点，甚至不如很多幸运的孩子一出生的起点那么高，我们也依然要坚持努力。因为幸运只青睐努力的人，也唯有努力，我们才能成为人生的舵手，掌控和主宰自己的人生。

> **内在疗愈**
> 为什么努力了没回报

努力达到极限，你就能看到成果

常言道，"一分耕耘，一分收获"。人们总是天真地相信，只要自己努力了就一定会得到回报。但是实际上，现实却是很残酷的，即使努力了也未必能够得到回报。难道我们就因此而不努力了吗？当然不是，因为努力了未必得到回报，但是如果不努力就一定不会得到任何回报。所以我们依然要保持努力的姿态，给予自己人生更多的选择机会，也给予自己人生更多收获的可能。

很多人都觉得苦恼，因为他们感到自己已经非常努力了，但是人生却没有任何的进步和改观。不得不说，如果你努力之后没有得到回报，那么问题只出现在一个地方，即你努力的程度还不够，你付出的还不够多，你坚持的时间还不够长。当你真正坚持不懈、持之以恒地付出和努力，回报终究会到来。所以朋友们，不要再抱怨命运的不公，也不要再抱怨自己从来没有好运气，与其花费时间和精力进行毫无意义的抱怨，不如从现在开始努力去做，切实改变自己的人生命运。

高三毕业后，学习成绩出类拔萃的小帅因为家境贫穷，

第1章
当你足够努力时，好运就不远了

最终选择放弃上大学的机会，独自背起行囊去遥远的大城市打工。可想而知，对于一个从未出过远门的孩子而言，在大城市闯荡是怎样的感受。的确，在当时的小帅眼里，大城市就像世界一样广大和辽阔。他觉得自己非常渺小，也很卑微，甚至觉得自己像一只蚂蚁一样，随时有可能被城市里川流不息的车流踩死。然而他没有放弃，更没有退缩，他告诉自己：我一定要在这里留下来，我一定要在这里打拼事业，开始崭新的人生。

对于小帅而言，找工作当然是很难的。他已经高中毕业，有一定的文化基础，而且学习成绩始终很好，所以他并没有把自己当成普通的农民工。他希望找到有一定技术含量的工作，从而提升和完善自己，然而很多公司都要求大学本科毕业，这对于小帅而言就像是缺少了一块敲门砖，让他在找工作的过程中总是被拒之门外。直到一个多月之后，小帅随身携带的生活费都要用完了，他才找到了一份差不多的工作，那就是在一家广告公司里跑业务。从根本上说，这并不算是什么正经的工作。众所周知，销售行业的业务员如同流水的兵，入门门槛很低，总是不停地轮换。对于公司而言，销售人员只要能够为公司创造效益即可。对于别人来说，这份工作也许不值得珍惜，但是对于小帅而言，他非常珍惜这份工作。每天他都按时去公司报到，有的时候还去得很早，只为了在其他同事到来之前多工作一段时间。功夫不负有心人，一年多后，小帅终于在广告

内在疗愈
为什么努力了没回报

销售行业站稳了脚跟，也有了一定的人脉资源。然而，他很清楚自己不可能永远这样做销售，为此他试着开始做设计。毫无疑问，小帅没有任何这方面的知识，而且公司里的设计师也都很忙，根本没有时间来帮助小帅。有的时候，小帅觍着脸去请教设计师，他们也会以工作忙为由对小帅置之不理。

如何才能让自己得到更多学习的机会呢？小帅毫不气馁，他主动利用休息的时间或者是在完成本职工作之后帮助那些设计师，给设计师打下手。渐渐地，忙碌的设计师越来越喜欢小帅，因为小帅能够为他们分担很多基础的工作，也因为耳濡目染，小帅对于设计有了一定的灵感。有一次，有一位设计师为一个客户的刁难要求而苦恼，苦思冥想很久也没有完整的设计方案，小帅尝试着做了一个方案给这个设计师，请设计师为他指点。设计师看完之后拍手叫好，原来小帅的设计非常符合客户的要求。这位设计师并没有把小帅的功劳据为己有，而是当即向老板汇报了这个良好的创意，最终不但客户非常满意，小帅也因此得到老板的重视。从此之后，老板让小帅不要再出去跑业务，而在设计部作为设计师的助理，一边给设计师打下手一边学习设计。就这样，小帅距离设计师的梦想越来越近。他非常勤快，也善于观察，哪怕设计师并不会主动教他很多东西，他也能主动领悟。此外，他还为自己报名了一个课外培训班，专门学习设计的理论知识。就这样，小帅双管齐下，很快

第1章
当你足够努力时，好运就不远了

就让自己在设计方面有了一些成绩。三年过去了，小帅已经成为公司经验丰富的设计师。但他还是不满足，他想让自己掌握更多公司运营的流程，因为他的梦想是拥有一家属于自己的广告公司。

小帅总是想到就去做，他丝毫没有迟疑就开始付出努力。他调动到公司运营部门工作，以设计师的身份与运营部门的同事沟通，最终了解了整个广告公司操作的流程。转眼之间，又过去五年，此时的小帅对公司的业务流程已经非常熟悉和了解，也觉得自己到了开公司的最佳时机。他毅然决然拒绝了老板以高薪挽留他的请求，而是冒着极大的风险，投入了自己所有的积蓄，开了一家广告公司。因为对广告行业非常熟悉和了解，小帅的广告公司运营良好。然而，小帅又有了新的想法和创意……

在这个事例中，小帅的发展还算是比较顺利的，这一切都得益于他的努力和坚持。实际上，小帅成绩非常优秀，却没有读大学，这对于他的人生而言是一个遗憾。但是他并没有因此而放弃拼搏，他相信自己哪怕不上大学，也可以凭着努力和坚持获得成功。最终，他如愿以偿，开拓出人生的新天地。试想，如果小帅在放弃读大学之后就自暴自弃，那么他怎么可能有今天的成就？

对于一个想要获得成功的人而言，努力无疑是最佳的途

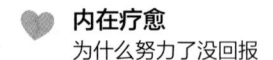

径，也是唯一的办法。一个人不管是有钱有势还是穷困潦倒、身无分文，都必须努力，否则他们就会距离成功越来越远。换言之，就算一个人眼下已经拥有了很多，一旦他放松自己，不再努力，那么他最终也会家财散尽，无法得到人生丰富的馈赠。这就是为人处事的道理，正所谓天道酬勤，一个人只有勤奋才能得到命运的善待。否则，如果一个人只是坐在家里做着白日梦，最终必然两手空空，一事无成。一味地空想终有一日会拥有理想的生活，这是根本不可能实现的。所以朋友，一定要努力，不管你现在置身何处，也不管你曾经拥有或者失去了什么，努力都是唯一的正确选择。

绝不屈服，你就是强者

每个人都是人生旅程中的过客。正因为如此，有人努力地活着，觉得生命短暂，不能错过，让人生精彩而又充实，而有人则恰恰相反，他们觉得自己哪怕活得精彩，最终也只会走向死亡，因而他们总是对生命投机取巧、蒙混过关。不得不说，生命对于每个人而言都有不同的意义。要想让自己的人生充实而有意义，那么我们就要把生命中的每一分、每一秒都充实利用起来。难道因为人是向死而生，就可以忽略生命的整个过程

第1章
当你足够努力时，好运就不远了

吗？当然不可以。对于任何生命而言，最重要的是生命的过程，而不是生命的结果。只有对生命有正确的认识，我们才能努力安心地把事情做到最好。否则，我们又如何能够成为人生中永不屈服的强者呢？

很多人都是人生中真正的强者，他们不管做什么事情都满怀热情全心投入，他们是真正有信仰的人，对于人生总是充满着全力以赴的斗志。面对这样努力的人生，很多人都觉得啼笑皆非，因为他们对待自己的生命总是漫不经心，因而在他们眼中那些努力生活的人就变成了不折不扣的傻瓜。如今的职场上，总是有很多人对待工作三心二意。他们每天工作的目的就是熬过从早上九点到下午五点的时间，绞尽脑汁想着如何让自己轻松地度过工作时间，从而少做一些工作。殊不知，既然每天都要上班，为何不充实地度过工作的每一天呢？这样一来，至少可以提升和充实自己，让自己有更多的资本和人生的阅历。就像人们常说的，既然哭着也是一天，笑着也是一天，为何不笑着度过人生中的每一天呢？我们还常说，既然空虚度过也是一天，充实度过也是一天，我们为何要自欺欺人呢？很多职场人士都觉得哪怕多做一点点工作都是对自己的欺骗，实际上这种观点恰恰是错误的。没有任何人不需要努力就能获得成功，人生正在于点点滴滴积累的过程。我们不能因为生命的过程是向死而生就彻底忽略了过程而直奔死亡的主题。既然

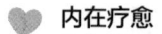

内在疗愈
为什么努力了没回报

如此，人还有什么意义存在呢？对于每一个生命而言，最重要的是生命的过程，就像我们旅行的目的并不是直奔目的地，而是在旅行的过程中欣赏沿途的风景，这与自己喜欢的亲人朋友相依相伴度过美好的时光一样，生命应该这样缓慢而又用心地度过。

对于大多人的人生而言，金钱和物质最终只能留在这个世界上。一个人哪怕拥有得再多，在离开世界的时候也必然和来到这个世界时一样两手空空。实际上对于每个人而言，人生真正能拥有的是那些幸福美好和值得怀念的感受。唯有拥有这些感受，人生才不是空洞的行走，每个人也不枉来到世界上走一遭。

在我所认识的人中，刘芸是一个非常努力、认真生活的人。她对生活的认真程度简直超乎了我的想象。例如从大学时期，我与刘芸就是上下铺的好友。大多数同学也许在上课的日子里会早起十分钟背一背英语单词，但是刘芸从进入大学的第一天开始，就雷打不动地每天早晨五点半起床背单词，六点半开始跑步。等到同学们七点做早操的时候，她已经度过了非常充实而有意义的一个半小时。也正是因为这一个半小时的坚持，让刘芸在大学期间顺利通过了全国高校英语专业八级考试。在大学毕业时，当同学们都在为找工作而烦恼的时候，刘芸却轻轻松松进入一家大企业，成为一名翻译人员。

第1章
当你足够努力时，好运就不远了

很多同学都羡慕刘芸一毕业就成为白领，但是刘芸并没有因此而放松对自己的要求。周六、周日的时候，大多数同学都会聚集在一起吃喝玩乐，而刘芸却为自己报名参加了商务英语的培训班。同学们都感到很不解，想不明白刘芸的英语都已经过了八级了，应付工作绰绰有余，为何还要去参加商务英语的培训班呢？殊不知，刘芸不仅学习书面商务英语，还参加了英语口语的提高班。常言道，机会总是留给有准备的人。果不其然，两年之后，刘芸所在的公司因为与外企合作，所以需要派出驻外人员。因此，通过专业英语八级、受过专业商务英语培训和口语训练的刘芸，顺理成章地被派到美国去驻守。从此之后，同学们与刘芸的差距越来越大。

事例中的刘芸并非有什么独特的天赋，她之所以能够改变自己的命运，成功地到达人生的巅峰，就是因为她的坚持。她对人生的态度，努力得近乎固执，她从不因为甘于现状就放松自己、麻痹自己。她有自己的坚持和想法，她坚信自己所做的一切都是有意义的。她做好了所有的准备，所以才能在最关键的时刻抓住千载难逢的好机会。不得不说，刘芸是真正的强者，她把每一件事情都做到极致，而不是仅仅要求自己做过某件事情。她更在乎事情的过程和结果，她为了奔向美好的目的地，总是坚持不懈地奔跑。面对刘芸的努力与成功，相信每一位了解她的同学都会对她佩服得五体投地。

♥ 内在疗愈
为什么努力了没回报

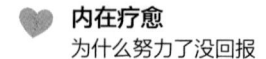

在人生之中，很多人总是轻而易举就屈服，尤其是遭到失败的时候，他们更是怀疑自己，甚至质疑自己的能力。相比他们，那些成功者之所以能够获得成功，并非得到了命运的青睐，或者有得天独厚的条件，相反，成功者有可能遭遇比他们更多的磨难，而之所以最终能够到达人生的目的地，是因为成功者拥有永不放弃的精神和勇敢无畏的心。要想成为人生中真正的强者，我们也要这样勇敢强大，坚持不懈。

马上行动，别在等待中浪费时间

很多从事创作工作的人都有这样的感受，那就是面对艰巨的任务，哪怕整日对着电脑苦思冥想，但实际上大部分的工作都是在截止日期之前完成的。例如广告策划员或者文字工作者，他们需要交出广告策划方案，或者写出一本书，或者写出一定数量的文字。但是他们往往在接到任务之后脑中一片空白，根本想不出任何该做的事情，唯一能做的就是对着电脑屏幕发呆，有的时候甚至一天要喝好几杯咖啡，也无法寻找到灵感。灵感到底躲到哪里去了呢？难道每一个从事创作工作的人都要如此痛苦，就像孕妇要经历十月怀胎才能一朝分娩吗？其实不然。大多数从事灵感创作的人都进入了一个误区，那就是

第1章
当你足够努力时，好运就不远了

他们必须等到灵感到来才能真正展开行动，而实际上当一个人盲目地坐在那里，什么也不想，脑海中一片混沌，他是不会有任何灵感的。反之，如果能够当机立断开始做事，就算是做与工作关系并不密切的事情，只要动起来，让自己保持活力，让头脑也保持在清醒状态下，反而很容易就能找到灵感。正如古人所说，有些文章是妙手偶得，而唯有切实去做，我们才能得到获得灵感的机会和可能。

有些时候，灵感就像是人为了拖延工作而找出的借口一样，毕竟灵感看不见摸不着，是虚无缥缈的。只有实实在在地工作，才会有所成就，也才能在不断尝试和努力的过程中遇到更多突破的契机。既然如此，我们为何要成为一个空想家呢？我们完全应该成为一个伟大的实干家，让人生如同开足马力的小火车一样不停地轰隆向前。

很多孩子写作文也会面临这样的情形，原本老师布置了作文让他们周六和周日完成，但是他们周五回家就开始玩耍，周六又玩了一整天，哪怕周日早晨父母催促他们完成作业，他们也会说自己正在等灵感。他们常常抱怨："没有灵感，我怎么能写出来呢？"殊不知，如果他们一直在玩耍，他们的灵感很难到来。反之，当他们在父母的逼迫下真正拿起笔写下第一个字之后，他们的灵感会突然而至，他们心中的文字如同泉涌，争先恐后地跳跃到纸上。这才是真正的灵感，也才是有效的灵

内在疗愈
为什么努力了没回报

感。这样的灵感有助于孩子们完成学业，也有助于每一位职场人士完成工作。从这个角度而言，不管是孩子还是成人，都不要总是以等灵感为借口让自己拖延下去。否则拖来拖去，就算真的有灵感，灵感也会被吓跑了。

这一切都告诉我们行动的重要性，很多时候，我们不知道行动有多么重要，而觉得要思想先行，而实际上现实生活中恰恰相反。我们必须坚持努力去做，才能让自己的思想也随着动起来。很多人在做事情的时候打着未雨绸缪的旗号，总是想要把事情考虑得万分周全，也要预先设计好事情有可能出现的最坏结果，才真正去做。但是实际上事情并不会最坏，这是因为在做事情的过程中，我们总是会不停地发现问题，也持续寻找新的解决办法。而且当我们不断地开动脑筋努力思考时，还会有新的思路启发我们的思维，让我们灵光乍现，最终就像找到真正的灵感一样圆满地解决问题。由此可见，与行动相比，哪怕再多的空想也无济于事，甚至还有可能束缚我们的手脚，让我们最终困于艰难的处境之中。

要记住，这个世界上没有任何事情会实现绝对的十全十美，哪怕我们在真正做事之前思虑周全，也总会有疏漏的地方。真正圆满地解决问题，必须先动起来，然后再在不断磨合的过程中寻找更合适的解决办法。

作为一名撰稿人，小叶总是等到出版社不停地催稿，才会

第1章
当你足够努力时，好运就不远了

提笔。这个时候，往往距离交稿只剩下半个月的时间，而小叶的工作量却完成了不到百分之二十。如何在这剩下的短暂时间里完成几乎所有的工作量呢？如果一开始就告诉小叶交稿的时间这么短暂，他肯定不可能完成，也不可能答应。但是当时间都被小叶在等待灵感的过程中消耗掉时，小叶就只能强迫自己在剩下的半个月时间里每天天昏地暗地去写。难道他这个时候就真的有灵感了吗？其实不然。

刚刚接到稿件任务的时候，小叶总是提笔忘字，甚至面对着电脑一整天，连一个字都写不出来。人们都说万事开头难，也正因为小叶没有好的开头，所以他在未来的很长时间里都会保持这样的状态，脑中一片空白，白白浪费时间。然而，等到主编的催稿电话一个接一个不停地打过来，小叶再也没有时间去琢磨自己应该以哪一个字作为文章的开头，只好痛下决心开始写。然而在写到一定程度的时候，他就下笔如有神，灵思泉涌了。这是为什么呢？每个热爱写作的人都知道，故事中的人物是会活起来的，在小叶创造了他们之后，他们就开始不断地推动故事情节的发展，也让自己在故事的推进中更加活灵活现。这样一来，小叶几乎不费力气，只要按照他们原本的样子去描绘他们即可。问题就出在小叶最开始的时候根本没有赋予他们生命，所以他们就是空洞的。当小叶赋予他们生命之后，他们瞬间活了起来，拥有了自己的生命力，这样一来，他们的

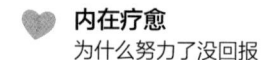

故事也就水到渠成，顺理成章了。

古人云，智者千虑，必有一失；愚者千虑，必有一得。一个人哪怕绞尽脑汁去筹备一件事情，也不可能把这件事情做到绝对完美。所以在任何时候，我们都不应该苛求自己完美，因为这个世界上根本没有真正的完美。与其在空想之中不断地等待，还不如当机立断行动起来，把事情持续向前推进。只有在事情发展的过程中不断地解决和处理遇到的问题，我们才能真正地让自己活起来，也才能让事情都得到更好的解决。

分秒必争，绝不浪费一点一滴的时间

生活中，很多人都抱怨时间太紧张，没有时间做自己喜欢的事情，甚至没有时间为自己充电，也或者没有时间回家陪伴父母。那么，时间都去哪儿了呢？人人都嫌弃时间过得太快，都觉得人生如同白驹过隙，但是有一些人却能够生活得非常充实而快乐，这是因为他们能够合理利用时间，能够把时间安排得恰到好处。由此可见，人生是充裕还是过于局促，都是与每个人对于时间的安排和理解密切相关的。

有些人甚至没有时间去努力，而总是白白地浪费时间懵懂度日，不得不说是因为他们不善于利用短暂的时间。实际上，

第1章
当你足够努力时，好运就不远了

对于学习，只有在校园里的时候才有大段的时间，而一旦走出校园，大部分人的学习都要利用零碎的时间进行。如今，时代发展这么快，一个人要想与时俱进，就必须坚持终身学习，否则就会被时代的洪流远远甩下，再也跟不上。在这种情况下，我们只能争分夺秒，抓住零碎的时间来度过自己的人生，让自己的人生变得更充实更快乐。尤其是在现代职场上，竞争那么激烈，行业的要求也越来越高，不管是作为管理者还是作为员工，都要与时俱进，不断学习，为自己充电，才能跟上时代的脚步。特别是对于刚毕业的大学生来说，很多大学生自以为寒窗苦读十几年，又在大学中学习了几年的时间，因而总是自以为是，觉得自己是高精尖人才。实际上，他们不但缺乏实际工作的经验，而且他们在大学里所学到很多的知识在走出大学校园的时候已经过时了。因为不能正确定位自己，所以他们盲目自大，最终错过了最佳的充电时间。

如今的大学生在走出校园的那一刻，并不是意味着彻底摆脱了学习，而恰恰意味着终身学习的开始。一个人要想实现自己的梦想，提高自己的能力，创造自己的价值，就必须坚持学习，没有人能够不学习而度过一生。没有时间学习怎么办呢？正如鲁迅先生所说，"时间就像海绵里的水，只要挤一挤总还是有的"。每个人工作再忙，也有业余的时间，尤其是对于刚毕业的大学生而言，因为没有家庭的拖累，所以工作之外的时

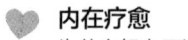

内在疗愈
为什么努力了没回报

间都可以用来学习。一个人如果不在年轻的时候努力充实自己，那么等到成家立业，有了孩子之后，就需要花费更多的精力和时间，自然更难以通过学习来提升自己。

作为大学时期的好朋友，小敏和娜米在大学毕业后一起应聘进入同一家公司工作。他们从好朋友、好同学，到成为好同事，都觉得非常高兴和幸运，也相约要在工作中相互帮助和扶持。因为都是新人，缺乏经验，而且学历相同，所以领导把她们安排在相似的职位上。小敏负责公司的市场调研，娜米负责为公司进行销售调查。对于这两项工作，小敏和娜米都觉得十分轻松，因为这两项工作都非常简单，尤其适合新人了解和熟悉市场，以及公司的销售情况。但是对这两项工作的态度，小敏和娜米却截然不同。小敏觉得自己缺乏经验，因而坚持努力提升自己。她想抓住这个机会，为自己打下坚实的基础，也为日后的工作做好准备。而娜米却觉得自己大学毕业却只能从事这么简单低级的工作，因而心中愤愤不平，对待工作也难免三心二意。

每次进行市场调查时，小敏从不投机取巧，她总是严格要求参与调查的人员要按照调查问卷的形式去填写，而不像其他的调查员始终想着蒙混过关，甚至找亲戚朋友随便填写表格。在认真工作的过程中，小敏渐渐意识到市场调查对于公司的发展非常重要，因此她并不觉得自己的工作无关紧要，反而觉得

第1章
当你足够努力时，好运就不远了

自己的工作非常重要，也意识到领导对她的信任和托付。有的时候，小敏还会根据实际情况对调查问卷的提问做出修改和完善的建议。因为有些问题显得无关痛痒，而有的放矢的问题更容易激发出消费者内心的真实想法。除了认真对待本职工作外，小敏还利用下班之后的休息时间，主动自学了关于市场调研的相关知识。有了理论的指导，小敏在工作上突飞猛进，进步神速。半年下来，小敏的市场调查做得非常好，她也在不断与消费者接触的过程中更加了解了公司产品的特色。而从事销售调查的娜米，过去了半年，她却对销售的基本形式都没有了解。领导自然把小敏和娜米的工作表现看在眼里，也对小敏和娜米有了不同的判断。一年多过去，小敏得到了晋升，成为市场部的负责人，而娜米却被公司辞退了。

在进入公司后，小敏和娜米的起点其实是相同的。她们不但毕业于同一所学校，而且都没有任何工作的经验，但是在经过一年多的成长之后，小敏和娜米之间却拉开了距离。这是因为小敏意识到自己工作的意义，能够主动把时间都用于工作，哪怕是休息的时间，她也绝不懈怠，而是主动学习有助于工作的知识。可以说，小敏对待工作非常用心，而且积极主动。小敏的付出足够多也始终在坚持，所以小敏自然会发展得更好。相比之下，娜米对待本职工作都蒙混过关，更不愿意把更多的时间用于充实自己，最终她白白浪费了大学毕业后一年多宝贵的学习时间。在被辞退之后，娜米哪怕再去找新的工作，也几乎没有任何的提高，这就注定了她只能处于相同的起点。

生活中，人人都想获得成功，然而成功却并非是唾手可得的，也不是一蹴而就的。尤其是在竞争激烈的现代职场上，每一个岗位上都要求从业者必须具有真才实学，并且还要有相应的水平和能力，因此我们要想适应现代职场的需要，就要督促自己不断学习。如果没有时间，那么就抽出点点滴滴的时间来学习。坚持利用零碎的时间学习，就能聚沙成塔，积少成多，最终完成自己由量变到质变的飞跃。

自身的成长，得益于一颗坚强的心

每个人都希望自己的努力能够得到相应的回报，然而虽然理想是丰满的，但是现实却是骨感的。这是因为最终努力的结果未必能够得到回报，也不像人们所说的那样，种瓜得瓜，种豆得豆。很多时候我们哪怕努力了很久，付出了所有的心力，但是我们最终达到的高度还远远不如富二代和官二代刚刚出生时达到的高度。或者也有一些运气好的人，明明没有我们优秀，却轻而易举地就获得了成功，这一切都让我们的内心

第1章
当你足够努力时，好运就不远了

轰然崩塌。原本我们因为自己的努力得到了些许的回报，或许正在沾沾自喜，但是当看到他人不费力气就得到比我们更多的回报时，那一份发自内心的喜悦瞬间就会被冲得无影无踪。归根结底，是因为人的心灵太脆弱。

父母都知道在比较孩子的学习成绩时，不应该把孩子与其他优秀的孩子比较，而应该把孩子的今天与昨天比较，把孩子的明天与今天比较。这样一来，才能够看到孩子努力之后的进步。然而说起来容易做起来难，大多数父母还是情不自禁地羡慕别人家的孩子，不知道别人家的父母为何就有这样的好福气，能够生出这么优秀、出色的孩子。然而，孩子与父母的缘分是上天注定的，没有父母能够选择孩子，否则相信所有的父母都会选择那些品学兼优、出类拔萃的孩子。那么，这些调皮捣蛋、顽劣不堪的孩子又应该交给谁来抚养呢？而且孩子很大程度上是遗传了父母的基因，这种情况下，父母当然不能对孩子完全否定。明智的父母只能不停地告诉自己，要学会欣赏和认可孩子，这样才能平心静气地陪伴和引导孩子成长。

从呱呱坠地开始，每个生命个体就已经开始了人生的历程。当然，命运总是捉弄人。每当我们开始井井有条地实施计划时，总是因为错过了什么而导致结果事与愿违。或者有的时候我们已经展开行动，当事情进展过半时，却发现自己远远地落后于他人。因而，我们忍不住撒开双腿开始奔跑起来。殊

内在疗愈
为什么努力了没回报

不知，每个人的情况不一样，有的人也许适合奔跑，有的人却只能一步一步从容地往前走。如果让一个心脏不好的人努力奔跑，那么他最终的结果也许是狠狠地倒在地上再也无法站起来。所以对于每个人而言，最重要的不是盲目模仿他人，而是根据自身的情况和特点，选择最适合自己的努力方式。人们常说，成功是没有捷径的，我们却不得不眼睁睁地看着其他人一蹴而就获得成功。没错，也许他人在成功之前付出了很多，但是我们只看到他们的成功来得轻松，为此我们也便心急如焚地寻找成功的捷径。因为我们知道自己不能太过于落后，我们还梦想着领先于他人，这样才能找回自己的信心和优势。而实际上，他人对于我们而言并非总是起到激励的作用，甚至有很多时候因为我们的盲目模仿而对我们的人生起到相反的作用。因此，一个成功的人首先要有坚定不移的内心，要坚持自己的所思所想，而不要因为外界的喧嚣和热闹就完全迷失自己，否则就永远也不可能获得成功。

大学毕业后，小马对待工作非常努力，所以虽然进入公司时间不长，但是他的薪水很高。然而，在大城市里生活成本很高，他每个月都要支付昂贵的房租、生活费、交通费、服装费、人情往来费等。所以，他每个月省吃俭用才能节省下来几千元钱。不过比起在老家生活的同学们来说，他已经有了非常好的收入，毕竟他节省下的几千块钱就已经相当于老家同学的

第1章
当你足够努力时，好运就不远了

所有收入了，为此小马还是很满足的。

才一年多过去，小马就攒了五六万元，他为自己贷款买了一辆车子，从此之后他再也不用挤公交也不用坐地铁了。他可以在早晨起床之后悠闲地把自己洗漱得干净清爽，然后开着车去上班。过年回家，为了给自己挣面子，虽然离家足足有一千多公里，但是小马还是不怕路远，用了两天的时间开着车回老家过年。果不其然，小马给爸爸妈妈挣足了面子，爸爸妈妈逢人就说小马是开车回来的。初二那天，小马和老家的几个同学聚会，觉得自己开着小车一定能使同学们大吃一惊。的确，同学们都羡慕小马成为有车一族。然而，在席间交流的时候，小马听到几个同学都在市区买了房子，不由得感到失落，开车回家带来的幸福感瞬间消失得无影无踪。

小马突然感到很沮丧，因为他在大城市奋力打拼了这么久，只能付一个首付贷款买车。而那些同学买的房子动辄一百多万。就算是付首付也要三四十万，这对于小马目前的经济实力来说连想都不敢想。小马不知道同学们是如何做到这一点的，然而他心中失落感丝毫没有减少，哪怕同学们是在父母的资助下买了房子，小马也觉得自己已经被他们远远地甩下了。后来在家待了几天，小马始终郁郁寡欢，他不知道自己要如何努力才能赶上同学们，也觉得前途迷茫。

实际上，小马在大城市发展得还是很不错的。他独自一人

内在疗愈
为什么努力了没回报

在大城市打拼,在支付昂贵的生活费用之后,还能在一年多的时间里有几万元的积蓄,并且贷款买了车子,扩大了生活的半径,不得不说这是一个非常好的开始。然而一想到同学们已经买了房子,小马突然觉得失落。曾经的优势与此刻的沮丧形成强烈的对比,让小马变得失魂落魄,也对未来失去了信心。不得不说,如果小马能够从这样的负面情绪中走出来,那么他的人生还是有很大的成就和美好的前途的。但是如果小马始终对自己表示否定,那么他最终会认为自己非常失败,也会影响个人的心情和未来的发展。

每个人都有自己的人生,一个人不可能处处和别人生活得一样。很多时候,我们看似比不上那些成功的人,但是也要知道这个世界上还有很多人不如我们。既然如此,还有什么比较的意义呢?我们唯一需要的就是和自己比,看看自己是否有了进步,人生是否有了更多的希望和机遇。这样的比较才是更积极和更有意义的,也能对人生起到积极的推动作用。总而言之,不管我们如今正处于生活的哪个阶层,也不管我们正处于人生的哪个阶段,只有坚持不懈地努力,我们才能不断地奋发向前。

第 2 章

你认为的平凡可贵，不过是你不思进取的借口

当人生无法按照我们所期望的样子呈现时，我们未免会觉得沮丧和失望，甚至对人生彻底放弃。这种情况下，我们难免怀着破罐子破摔的想法，再也不愿意继续努力，而是心虚地安慰自己平凡才是最可贵的。殊不知，平凡绝不应该是我们对于人生的追求，每个人都应该成为自己的英雄，而不要逆来顺受、无奈地接受命运的安排。当我们的内心振奋，我们的人生也会随之崛起，到那时，我们才会遇见更美好和强大的自己，也才会拥有与众不同的人生。

年轻，就该无怨无悔和勇往直前

每个人都有自己的人生，每个人对于自己的人生也都有一定的规划和憧憬。然而，大多数人最大的弱点就是过于在乎他人的看法，最终导致迷失了自己的本心，在他人的指指点点和随意的评价中，把原本应该顺利完成的事情做得磕磕绊绊。要知道一个人如果想主宰自己的人生和命运，就应该坚持自己的想法，走好属于自己的人生道路。正如但丁所说，"走自己的路，让别人说去吧"。唯有如此，我们才能避免负能量侵袭自己的内心，阻碍幸福的到来。

现实生活中，大多数人都为了他人而活着。他们总是过于在乎他人的看法和评价，导致不知道自己该怎么做了。就像邯郸学步一样，如果一个人一心想要模仿别人，得到他人的认可，最终甚至会连如何走路都彻底忘记，这岂不是天底下最大的笑话吗？所以说对于人生而言，最高的境界是无怨无悔，最洒脱的境界则是不惧不怕。所谓无怨无悔，是对于人生中发生的一切事情都不感到懊悔；所谓不惧不怕，是指当遭遇别人的指指点点时能够做到坚持自我，绝不轻易妥协。

第2章
你认为的平凡可贵，不过是你不思进取的借口

人生之中，真正能够做到对他人的看法和想法置若罔闻的人还是少数，大多数人都会因为他人的评价而影响自己的心情。糟糕的是，生活中总有一些人特别喜欢关注他人，对他人的言行举止评头论足，对他人的任何决定都做出反对的意见，对他人哪怕成功的经历也能挑出一些错误来。这些人似乎天生就是为了苛责别人而存在，却从未想过自己对别人如此挑剔，自己是否又能够真正实现完美。

一个人哪怕再努力也无法得到所有人的满意，尤其是在人生的旅程中，几乎每个人都会遭到他人的否定和质疑，甚至在他人异样的目光中无所适从。这种情况下，心中的愤怒油然而生是在所难免的，但是千万不要真的用别人的错误来惩罚自己，因为你的反应越大，那些对你施加评论的人就会变得更加兴奋。对于人生而言，最重要的是保持平和的心态，这样才能让一切都顺利进展下去。

阳阳是一个棉花耳朵的男人，所谓"棉花耳朵"，意思就是说他的耳根子非常软，总是喜欢听别人的话，尤其是喜欢听媳妇的枕边风。常言道，儿子娶了媳妇忘了娘，把这句话用在阳阳身上再恰当不过。

阳阳的媳妇丽丽是一个见钱眼开的人，虽然阳阳在结婚之前就决定以后不和父母住在一起，但是丽丽听说公婆要买房子，马上就从遥远的娘家赶来要和公婆一起居住和生活。看

内在疗愈
为什么努力了没回报

到丽丽如此迫不及待的样子，婆婆未免觉得有些反感。然而阳阳却完全听信丽丽的话，还告诉妈妈，丽丽是一个非常好的女孩，是专门来照顾公公和婆婆的。妈妈不由得觉得啼笑皆非，因为丽丽早在结婚前就已经和阳阳说好，结婚后非但不和阳阳的父母一起居住，而且还要去丽丽的娘家所在的城市生活。丽丽只想远离公婆，离自己的父母更近一些。婆婆当然也不是一个糊涂的人，她自然知道儿媳妇这样的转变是何原因。婆婆果断终止买房的事情，丽丽千里迢迢而来却扑了个空，最终又因为对婆婆心怀不满而挑唆阳阳，导致婆媳关系陷入破裂的状态，阳阳与父母的关系也前所未有地紧张。

生活中，很多家庭的婆媳关系都非常紧张，并不是因为婆婆和媳妇之间有什么深仇大恨，往往是因为当儿子的没有起到良好的沟通和协调作用。在这种情况下，如果做儿子的能够多多为父母着想，不要总是听媳妇的枕边风，或者哪怕听到媳妇说了什么不好听的话，也能够对父母适当隐瞒，那么相信婆媳关系一定会变得更好一些。

现实生活中，总是充斥着各种各样复杂的人际关系，每个人都在人际关系的大网中苦苦挣扎。一个真正能够把各种关系都协调得恰到好处的人，无疑是处理人际关系的高手。而大多数人都没有这样的能力，在错综复杂的人际关系中，他们总是感到心有余而力不足，甚至觉得自己无能为力。尤其是现代社

第 2 章
你认为的平凡可贵，不过是你不思进取的借口

会，不管是在生活中，还是在职场上，人际关系都逼迫得人喘不过气来。一个人如果不能把人际关系协调好，那么他就无法拥有幸福美好的生活，更会因为糟糕的人际关系而陷入苦恼和无奈之中。

当然，圆滑处事也未必就是一件好事。很多时候，人并非天生就有某种想法，而是在后天的成长过程中逐渐形成了自己待人处事的风格。一个人不能太在意别人的看法，否则他的情绪就会因为别人无心的一句话而产生剧烈的波动。有的时候，即使别人说的真有道理，我们也应该从自身的实际情况出发，有的放矢地采纳他人的意见。要想做到一点，我们就要客观理智地认知自己，知道自己的长处和优势所在，也不要过于在意他人的目光和评价。

当人们对某件事情感到心有余而力不足时，往往因为无助，总是情不自禁想要倾听他人的想法或者受到他人的影响，其实这也没有关系。表现出来举棋不定，恰恰是因为你的内心不够丰富和充实，在这种情况下，你可以多读书或者经常出去旅游，从而开阔自己的眼界，丰富自己的内心，让自己变得越来越强大。这样一来，当你坚守自己的内心，拥有强大的正能量，别人还怎么可能轻易地影响你呢？总而言之，人生应该做到无怨无悔，也应该做到不惧不怕。当一个人坚持做最真实的自己，哪怕遭受些许的流言蜚语也是值得的。时间终究

> 内在疗愈
> 为什么努力了没回报

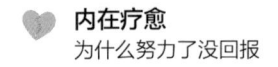

会给出最终的裁决和答案,让我们知道,什么才是人生中真正值得珍惜和坚持的。

只要你愿意,你就能创造奇迹

从本质而言,每个人都拥有无限的潜能。曾经有心理学家经过研究发现,每个人在人生的过程中开发的潜能不足十分之一。从某种意义上说,人的潜能就像是原子反应堆里的原子反应一样,也许瞬间就能爆发出来,让人做出令人惊叹不已的举动,甚至创造人生的奇迹。潜能就像是我们身体中沉睡的宝藏,也像是一位正在酣睡的巨人,等着我们将它唤醒。只要能够把潜能发挥得恰到好处,我们就能成为伟大的科学家,就能成为举世闻名的艺术家,就能成为自己想要成为的任何人。不管他人怎样评价我们,也不管我们在成就自己的过程中遇到怎样的艰难坎坷,我们唯独需要相信自己,这样才能激发出自身的潜能,也才能获得更加伟大的成就。

当大部分潜能被激发出来,人几乎是无所不能的。任何人只要想做一件事情,并且内心坚定,那么潜能就会帮助他获得成功。当潜能爆发出原子反应堆那样的伟大力量,人生再也不缺少奇迹。曾经有人在特别危急的情况下,激发出自身的潜能，做出让自己都瞠目结舌的事情，然而等到危急的情况过去，他们想再找回曾经的潜能，却变得非常困难。如何才能让潜能不是昙花一现，而成为人生的常态呢？假如有人告诉你，你可以掌握几十个国家的语言，可以得到十几个博士学位，甚至能够背诵整本的百科全书，你一定觉得这是天方夜谭，甚至觉得对方的脑袋陷入混乱的状态才会这么说。实际上，这并不是天方夜谭，这是有科学和理论根据的。有专家经过研究发现，哪怕是像爱因斯坦那样伟大的发明家，也只是激发了大脑约13%的潜能而已。由此可见，如果我们能够激发出人生大部分的潜能，那么人生一定能够腾飞。

只要你相信自己，你就一定能够做到这一点。毋庸置疑，潜能是人最为珍贵的宝藏，但却始终处于沉睡的状态。无数科学家研究的成果告诉我们，每个人身上都有着巨大的潜能，我们唯一需要做的就是激发自己的潜能，让自己变得无所不能。看到这里，你是不是觉得非常惊喜呢？因为你只用了自己不到十分之一的能力，而你的大部分能力都在酣睡，如果你能够激发出自己更多的能力，那么你就能够创造人生的奇迹，也能够轻而易举地实现人生的目标。

美国人梅尔龙从19岁在战场上受伤之后，就被医生判断为终身残疾，不得不依靠轮椅代步。整整十二年的时间里，他从未离开过轮椅。毫无疑问，他对自己的行走已经彻底失去了信

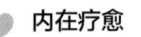

内在疗愈
为什么努力了没回报

心,为此他非常沮丧和绝望,甚至因为自己不得不被禁锢在轮椅上而借酒浇愁,麻痹自己。

有一天,梅尔龙和往常一样在酒馆里喝酒到很晚,直到夜色深沉,醉醺醺的他才坐着轮椅准备回家。在回家的路上,三个歹徒拦住了他。歹徒看到他是残疾人,知道他无法站起来,因而就肆无忌惮地抢夺他的钱包。他拼命地喊叫,希望得到其他人的帮助,不想这个举动却激怒了歹徒。在抢走了他的钱包之后,气愤的歹徒居然放火点燃了他的轮椅。看着燃烧的轮椅,梅尔龙忘记了自己是已经瘫痪了十几年的残疾人。惊慌之中,他居然从轮椅上站起来,而且不顾一切地跑了整整几百米。直到确定自己已经脱险,他才意识到自己居然在奔跑。他被自己吓到了,不由得站在原地。

事后回忆起当日的经历,梅尔龙说:"我当时头脑里一片空白,唯独害怕自己被烧死,我也不知道自己是怎么从轮椅上一跃而起,玩命奔跑的。直到停下脚步,我才意识到自己居然从轮椅上站了起来,而且跑了这么远的路。"如今,梅尔龙已经像一个正常人一样生活,还找到了属于自己的工作。

从梅尔龙的亲身经历中,我们不难看出人的潜力是巨大的,作为一个已经瘫痪在轮椅上十几年的人,他甚至为此感到绝望而借酒浇愁,也始终没有想过自己应该站起来,尝试着走一走。直到受到歹徒的迫害,轮椅熊熊燃烧,他才在死亡的威

第 2 章
你认为的平凡可贵，不过是你不思进取的借口

胁下忘记自己的残疾，也忘记内心的禁锢，因此一跃而起，足足跑了几百米。不得不说，这就是潜能的力量，也是生命的奇迹。

每个人的身上都蕴藏着特殊的能力，这种能力就像一个巨人一样正在昏昏欲睡，等待着在恰当的时机醒来。这就是人的潜能。每个人只要能把潜能激发出来，就能够成为想要成为的人。不管别人怎样评价我们，也不管我们在成功的路上遇到多少艰难坎坷，我们一定要坚定不移地相信自己，相信自己的潜能，这样才能打破各种局限和禁锢，从而充分发挥潜能，创造生命的奇迹。

将就，不是生活该有的姿态

对于生活，很多人的态度就是将就，然而正如一句网络语言所说的那样，生活不只有苟且，还有诗和远方。既然如此，我们有何理由怠慢生活呢？每个人都是生活的主角，每个人要想拥有充实的人生，就要成为生活的导航者，让生活朝着我们既定的目标和方向不断地前行。不得不说，这个世界是个繁华的舞台，在这样的大舞台上，每个人都可以成为自己人生的主角，演绎自己与众不同的精彩生活。从呱呱坠地开始，人生就

内在疗愈
为什么努力了没回报

在这个舞台上拉开序幕,既然如此,我们就要肩负起一个好演员的责任,圆满地完成一场演出。哪怕在演出的过程中遇到坎坷和挫折,遇到意想不到的困难和阻碍,我们也依然要坚持完整场演出,这才是真正的精彩。如果我们在舞台上的表现太过平淡无奇,那么未免对不起来人世间走一遭。

每个人都知道,要想改变这个世界是很难的,因为这个世界任性地存在,根本不会因为任何人的内心而改变。但是我们并非没有途径改变世界,当我们勇于改变心态,就能间接地掌控人生,也能成功地改变周围的世界。毫无疑问,那些对人生采取得过且过态度的人根本没有好心态。所谓好心态,简单说,就是对待人生充满理智,对待自己从不过分苛求。每个人都会意识到,生活不会永远按照一个人的所思所想去进行。所以我们唯一能做的是绝不忽视生活,适度地对生活妥协。需要注意的是,妥协不是投降,妥协的目的是与生活更好地融合,实现和谐共生。从这个意义上而言,好心态既不是完全从自己的角度出发,也不是纯粹地改变自己,而是找到自己与生活磨合的最佳角度,从而让生活与个人发展相得益彰,两全其美。

珍珍大学毕业后没有从事教师的工作,虽然她是从师范院校毕业的,但是她的理想不是成为一名优秀的教师。她早就知道销售行业收入很高,因而她想从销售职位开始做起,让自己获得成功,也能够在大城市立足。为此,她一毕业就四处应聘

第2章

你认为的平凡可贵，不过是你不思进取的借口

销售的工作，最终几经周折，经过严格的层层面试，才得以进入一家房地产公司从事销售工作。

时间总是过得飞快，转眼之间五年过去了，珍珍从一个不谙世事的年轻业务员，如今已经成为公司的资深业务经理。每个季度，她在公司里的销售业绩都排名靠前，因为出色的表现，领导也非常器重和赏识她，同事们在遇到难题的时候也总是第一时间向她求教。这样一来，珍珍在公司里的人气非常高，同事们也对她佩服得五体投地。

前一段时间，公司进行人事调整。珍珍所在大区的区经理调动到其他城市当分公司总经理，因而大家都疯传珍珍一定会成为公司里最年轻的大区经理。对此珍珍心照不宣，她暗暗想道：如果我真的能够成为区经理，那么以我28岁的年纪，无疑已经创下了公司里最年轻的大区经理纪录。然而，正当大家都觉得珍珍荣升大区经理是板上钉钉的事实时，公司公开了新任大区经理的名单。出乎所有人的预料，珍珍并没有顺利荣升大区经理，而是另一个比珍珍资历更老的部门经理荣升了大区经理。对此，珍珍感到难以接受，她甚至想到了辞职，因为她觉得自己没有颜面继续留在公司工作。实际上，珍珍并没有颜面尽失，同事们也劝珍珍不要因为一时的意气用事就放弃这么好的工作机会。然而，珍珍这几年来已经习惯了高高在上、顺风顺水，所以她很难接受这样的打击，最终还是选择黯然

内在疗愈
为什么努力了没回报

离开。

在这个事例中,珍珍并没有任何损失,而且公司领导自始至终也没有给珍珍任何承诺,只是因为大家都理所当然地认为珍珍够格担任大区经理,所以珍珍觉得自己升职加薪是板上钉钉的事。可以说,珍珍主观使然,最终导致自己产生了严重的心理落差。这样一来,她原本对待工作积极乐观的心态也发生了巨大的改变。

不管是在生活中还是在职场上,我们必须意识到,很多事情并不会以我们的意志转移。因此,任何时候我们都不应该对没有发生的事情妄下定论,也不应该把一切事情都想得太过简单和美好。最重要的是当事情并没有往我们预期的方向发展时,我们不能因此就退缩。记住,任何时候,成功只属于坚持到最后的人,我们反而应该在这样的挫败中塑造起坚强的自我,最终找到通往成功的道路。

生活绝不是将就凑合,但是生活也不能过于认真,对于生活中人力无法改变的事情,我们唯有坦然地接受,才能顺利度过关键时期,让自己凤凰涅槃,浴火重生。否则,如果我们总是和自己较劲,那么就难以熬过这样的艰难时期,更难以让自己超越困境,获得更好的发展。记住,没有谁的人生会是一帆风顺的,所谓的万事如意,只是人们在给他人祝福的时候常说的一句自欺欺人的话而已。现实生活中,真的没有万事如意,

第2章
你认为的平凡可贵，不过是你不思进取的借口

更没有随心所愿，很多时候命运似乎偏偏在捉弄我们，总是与我们的愿望背道而驰。在这种情况下，除了坦然接受命运的挑战，找机会改变和战胜命运之外，我们并没有其他的选择。记住，笑到最后的人才是笑得最美的人，而成功永远只属于真正的强者。

你还年轻，怎能混吃等死

如果你现在在朋友圈发一条信息，要求每个朋友都真实展现自己的生活状态，你猜事实会怎么样。曾经有人做过类似的实验，原本他之所以这么做只是因为无聊，可没想到在一小时的时间里就收到了很多条回复，其中只有百分之十的人认为自己过得幸福而有意义，也有百分之十的人觉得自己过得糟糕透顶、无聊至极，剩下大概百分之八十的人觉得自己的人生就是凑合将就，就是日复一日地忍耐，就是不断地妥协和无奈地接受。

让人惊讶的是，那些觉得自己过得糟糕透顶的人并非都是穷人，他们之中有些人非常有钱，或者位高权重。仅从表面看，他们一定生活得很幸福，但是实际上他们对于自己的生活没有一丝一毫的满意，甚至对生活充满绝望。在那些觉得自己过得非常幸福的人中，并非都是有钱有势的人，相反，他们

内在疗愈
为什么努力了没回报

之中有相当一部分人每日都为房租和月供而奔波忙碌，甚至没有时间认真地吃一顿饭。他们之中不乏生活在底层的人，但是他们的幸福感丝毫不打折扣。至于剩下的百分之八十觉得凑合过日子的人中，更是有社会各个阶层的人。由此可见，人过得幸福与否，与金钱、权势、房子、车子实在没有太大的关系。就像曾经流行的一句话，"宁愿坐在宝马车里哭，也不愿意坐在自行车上笑"。这恰恰告诉我们坐在自行车上的人也许过得非常幸福，而坐在宝马车里的人有可能过得非常伤心，甚至绝望。至于选择是坐在宝马车里哭，还是坐在自行车上笑，则是每个人的人生权利，别人无权指责和干涉。

为什么人们处于不同的生活环境，有着截然不同的人生境遇，但是对于生活的感受却如此鲜明地分成这三种呢？很多人都因为这个问题感到困惑，原因就是一个人对于未来的态度决定了他此时此刻的生活状态。如果一个人觉得自己正值青春好时光，那么他们一定会对生活充满渴望；如果一个人觉得自己已经处于退休状态，没有什么可值得追求的，那么他们必然觉得沮丧，甚至陷入绝望的人生状态中。对于他们而言，生活除了混吃等死，似乎没有其他的事情可干。由此可见，空虚的人生状态也是使人远离幸福和快乐的原因之一。

每一个奔波忙碌的上班族，都希望自己尽快进入退休的状态，以为这样可以实现身心的完全自由。但是对于年轻的上班

第 2 章
你认为的平凡可贵，不过是你不思进取的借口

族而言，如果过早地进入退休的状态，人生就会变得被动，甚至萎靡不振。大多数人对于生活的柴、米、油、盐、酱、醋、茶早已心生厌倦，他们希望自己的人生中有更多新鲜的事情发生，然而要想改变命运并不能只靠被动等待，而是要积极主动面对人生，从而拥有更多的契机改变人生。

实际上，生活中有很多鼓舞人心的故事，只是大多数人没有耐心倾听。很多人从来不关心别人的生活，总是误以为只有那些身价过亿的人才会有与众不同的奋斗历史。有朝一日，如果我们能够静下心来与身边任意一个普通人认真地聊一聊，一定会有意外的发现。最终，我们会意识到一个深刻的道理，那就是每个人之所以拥有如今的这一切，都是他们靠着努力付出得来的，而并非凭空拥有。每个人的人生是精彩还是空虚，也在很大程度上取决于自己的内心，而与命运的善待和亏待没有太大的关系。

面对生活，有人非常用心，他们始终牢记着自己的初心，不忘人生的方向，而有人却始终懵懂无知，他们无法对自己的人生负责，因此也就顺理成章成了那些觉得生活糟糕的百分之十，与生活幸福充实的百分之十相距甚远。很多人面对人生的态度就是度过余生，他们根本不知道自己接下来的人生应该奔向哪个方向，也不想为了改变自己的命运而承受过大的压力。最终，大多数当一天和尚撞一天钟的人变成了不好不坏的百分

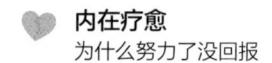

之八十，甚至他们之中觉得生活糟糕的人占有更大的比例。虽然短期内我们无法看出心态对于人生的影响，但是最终的结果一定会让很多人大跌眼镜，也追悔莫及。

在人生之中，没有人能够保持原地不动的状态，一旦你不再积极努力地奋进，就会原地踏步，甚至缓缓地退步。在这种情况下，人生怎么能够保持良好的状态，不断地提升呢？无论如何，在青春正好的时候，我们一定要积极努力地付出，这样才会最终收获充实的人生。

如果此时此刻的你距离退休还远着呢，不要总是想着过退休的生活，更不要总是想着蒙混过关，对生活漫不经心。虽然努力了不一定有回报，但是如果不努力，肯定没有任何回报。既然如此，我们还有什么理由放纵自己呢？抓住青春的好时光，努力地奋斗吧，只有这样，你的未来才会有舒适惬意的退休生活可以享受。

别吹毛求疵，不完美才是真实

这个世界上根本没有绝对的完美，既然如此，我们又为何要与自己较劲，总是逼着自己变得完美无瑕呢？一个人如果总是过度苛求自己，强迫自己追求完美，那就是让自己和幸福作

第2章
你认为的平凡可贵，不过是你不思进取的借口

对，也是让自己与自己过不去。人们对于完美的追求如果过于执着，最终只会让事情变得更加糟糕，也会让自己的心情变得郁郁寡欢。有的人虽然皮肤白皙，但是身材矮胖；有的人尽管身材高挑，但是皮肤却粗糙黝黑；有的人拥有显赫的家世，但是自身的条件却很差，纯属烂泥扶不上墙；有的人虽然出类拔萃，但是家庭生活却不够幸福。总而言之，每个人都有每个人的苦恼，没有人能够在人世间完全顺心如意，更不可能从出生的时候就拥有一切。与其因为这些小小的不完美而痛不欲生，甚至憎恨人生，不如坦然接受这些不完美，也悦纳自己，这才是对待自己最好的态度。从本质上而言，每个人都是被上帝咬过一口的苹果，正是因为有了这样小小的缺陷和瑕疵存在，我们才显得更加与众不同，也才显得更加独特美好。

生活中，每个人都有各种各样的不完美。可以说完美的人都是相似的，但是不完美的人却各有各的特点。当然所谓的完美也只是相对的完美，而并非绝对的完美，因为这个世界上不存在绝对的完美。一个人如果总是因为自己的不完美而纠结于心，总是拿自己的缺点和不足与别人的优点和长处进行比较，那么他的人生一定是悲催的。这样的悲惨并非来自外界，也并非是因为命运的不公平，而是因为他们的心态导致他们永远也不可能得到幸福和满足。

有个年轻人在契诃夫的作品中看到了一段话，意思是，

内在疗愈
为什么努力了没回报

如果人生是一次草稿，每个人都有抄写的机会，那该多好。这段话让这个年轻人怦然心动，恰巧他正对自己人生中的很多方面都感到不满意，因而他不断地恳请上帝给予他誊写人生的机会。上帝被他纠缠得无可奈何，只好同意了他的请求。

年轻人到了谈婚论嫁的年龄，遇到了一个长相倾国倾城的姑娘。最重要的是，这个姑娘也很喜欢年轻人，与年轻人一见钟情，他们很快就坠入爱河，并且没过多久两人就牵手走入了婚姻的殿堂，成为夫妻。然而，年轻人很快就发现这个姑娘虽然长相漂亮，却生性愚钝，做起事情来总是丢三落四。这使年轻人感到很苦恼，因为面对着一张倾国倾城的脸，他却无法与姑娘进行心灵的沟通，最终他把这次婚姻作为草稿，彻底地抹除了。

一段时间之后，年轻人遇到了第二个美丽的姑娘，这个姑娘堪称完美，不但长相漂亮，而且聪明绝顶，不管做什么事情都是一把好手。很快，年轻人与姑娘携手走入婚姻，但是结婚之后没多久年轻人就感到懊悔不已。原来，这个姑娘虽然各方面都出类拔萃，但是她的脾气非常暴躁，性格恶劣，总是动不动就挖苦和讽刺年轻人。年轻人忍无可忍，只好再次请求上帝让他把这次婚姻也当成一次草稿彻底抹去。上帝不但答应了他的请求，还愿意再多给他一次机会打草稿。

等到第三次婚姻的时候，年轻人的妻子简直是完美的化

第 2 章
你认为的平凡可贵，不过是你不思进取的借口

身，不但长相漂亮，貌美如花，脾气性格也都很好，而且心地善良。但是，年轻人与妻子恩爱地一起生活半年多之后，妻子就因为生病而卧床不起。最终，妻子不得不由年轻人照顾才能生存下去，而妻子所谓的聪明才智与能干都成为水中月镜中花，变得毫无意义。一想到后半辈子都要照顾生病的妻子，年轻人感到非常绝望。

在这个事例中，年轻人虽然有三次结婚的机会，但是每一次都有每一次的不完美。由此可见，世界上没有任何事情是十全十美的。一件事情，哪怕表面看起来再完美，也总会有着各种各样的瑕疵。虽然人人都有追求幸福生活的权利，但是在尽情享受生活的同时，也要认清生活的本质和现实。我们必须记住，这个世界是不完美的，那些不允许自己有任何缺点和瑕疵，也不想让生活有任何不足的人，实际上就是在和自己较劲，就是在用一颗对生活始终别扭的心远离幸福。他们虽然想方设法追求完美，最终却会落得两手空空，一无所有。真正聪明的人，会用一颗平常心来对待这个不够完美的世界。他们知道自己并不是完美的人，因而也从不苛求身边的人变得完美。他们尽情享受着生活的喜怒哀乐，坦然接受生活的缺憾。他们知道，对于生活而言，缺憾本身就是一种美。

现实生活中，总有些人吹毛求疵，对于有些事情，他们明明已经做到了极致，但是却依然对自己不满意。在与他人相处的过

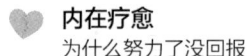

程中，他们也把这样的高标准、严要求用在他人的身上，结果导致他人的怨声载道。最终，他们不仅自己活得很累，也使自己身边的人活得万分辛苦，心力交瘁。心理学家经过研究发现，人的本能就是追求完美，然而追求完美一定要适度，所谓凡事过犹不及，一旦过度追求完美，就会导致完全相反的结果。

很多人都知道断臂维纳斯的雕塑是举世公认的艺术美的典范。也有人感到纳闷儿，为何维纳斯失去了双臂，却能成为美的代表呢？实际上，维纳斯曾经是有双臂的，只是因为双臂断裂变成碎片，所以才以断臂的形象出现。很多艺术家都曾经试图修复它，但是无论如何努力，后加上的双臂都使维纳斯失去了和谐的美。最终人们不得不接受了断臂维纳斯的美，也渐渐沉迷于这种残缺的美。生活也是如此，哪怕在很多方面都很完美，也一定在不为人知的方面有着残缺。面对生活的不如意，我们要更多地想想生活中快乐的一面，这样才能始终保持幸福的心态。否则真正的完美一旦存在，也就会成为世界上最不协调的美，反而会让人感到不真实、不自然。不得不说，残缺的美才是真正的美，这已经是公认的事实。

第3章

有方向和目标，脚下才有路

一个人如果对人生没有目标，再多的努力都无法起到预期的效果。就像"南辕北辙"的历史典故一样，当方向与初心恰好相反，那么所有有利的条件都会起到相反的作用，越是马匹强壮、盘缠充足、车夫技术好，越是远离目的地，再也无法到达。人生也是如此，每个人都要确定自己的人生目标，才能让每一分辛苦和努力都起到恰到好处的作用，也能起到事半功倍的效果。

内在疗愈
为什么努力了没回报

勇敢跨过前面的障碍

人生之中，很多人都会觉得愤愤不平，尤其是在看到他人轻而易举就获得成功之后，他们心理上总是会失去平衡，甚至指责他人通过不正当的手段才让自己脱颖而出。不得不说，这种心态是一种非常黑暗且对人生毫无好处的心态。这种消极的心态根本不会推动人生向前发展，甚至还会成为人生的绊脚石，阻碍人生前进的道路，使人生最终停滞不前。所以聪明的朋友能够摆正自己的心态，不让自己的心禁锢自己，不让自己的心成为囚牢。正如人们常说的，人最大的敌人就是自己。我们要想在人生的道路上获得成功，就要学会释放自己的心灵，让心灵变得无拘无束、阳光美好。

在如今的电视屏幕上，选秀的节目很多，几乎每个地方卫视的电视台都在举行各种各样的真人秀节目、选秀节目。实际上，在这样的过程中，的确有很多名不见经传的普通人从此开启了人生的新篇章。而坐在电视机前的我们总是因为他人的突然成功而感到消极绝望，甚至指责他人还不如自己呢。这是一种典型的"酸葡萄"心理，就像狐狸吃不到葡萄就说葡萄酸一

第 3 章
有方向和目标，脚下才有路

样，人占不到便宜也会觉得那个便宜是个大坑。实际上，当真正面对机会的时候，愤愤不平的我们根本无法鼓起勇气，勇敢地抓住机会。我们不是担心幕后有黑手，就是担心自己会受到不公正的待遇，却从未想过如果自己不能真正去尝试，那么则永远也无法获得任何成功的机会和任何成功的可能。从这个意义上而言，我们对于自身的否定和禁锢，让我们与成功绝缘。要想成功，我们就要打破内心的囚牢，勇敢地面对自己和他人。

人为什么始终碌碌无为呢？实际上，人们并不是因为没有得到展示自己的机会，也不是因为没有获得好的可能。只是因为他们对于很多可能性，首先在心里就已经彻底放弃了。例如面对一个很好的机会，他们不会觉得庆幸，而是觉得这样好的机会有可能是个陷阱。再如面对一份好工作，他们也不敢勇敢地争取，而是否定、质疑自己的能力。在这种情况下，很多事情还没有开始就已经结束了，人生也因为不断的质疑和困惑最终变得平庸。所以说，困住他们的并非是自身能力，也不是机会，而是因为他们害怕失败，恰恰是他们对于失败的恐惧，让他们不敢尝试，也恰恰是因为他们对失败的恐惧，让他们的人生陷入囚牢之中而无法挣脱。

很多人因为不想让自己和他人失望，所以选择无所作为，正如一首打油诗中所说的，多做多错，少做少错，不做不错。这些人正是通过不做来减少自己犯错误的概率，与此同时，他

> **内在疗愈**
> 为什么努力了没回报

们内心也筑起了一座高墙,把自己与整个世界完全隔离起来。实际上,每个人都是社会的一员,都是群居动物,没有任何人可以完全摆脱他人而独自生活。如果一个人总是处处怀疑自己,质疑成功的可能,那么他们就堵住了通往成功的道路,也使得自己无处可去。如此一来,他们注定只能成为电视机前的观众,看着别人在聚光灯下获得成功,也只能发一些无关痛痒的牢骚。殊不知,他们的人生正是在这样的牢骚声中渐渐地流逝,他们的自卑使得他们变得顾虑重重,再也无法勇敢地面对和悦纳人生。

作为一名新人,初入公司的时候,小雅表现得非常积极。每当公司开会的时候,看到老总邀请同事们踊跃发言,小雅总是第一个站起来表达自己最真实的想法。然而,老总很少采纳小雅的想法,因为小雅的想法略显稚嫩,也是因为在听了小雅的想法之后,总有其他的同事能够提出更好的想法。渐渐地,小雅明白了其中的门道,当再次遇到发言的机会,她也不会再傻乎乎地首当其冲了。

有一次,领导组织会议,希望同事们开诚布公地说一说公司里的哪些制度不太合理,需要改善。小雅一直以来都对公司里的考核制度有意见,因而她再次忍不住第一个站起来说了公司制度的很多不好。不想,这次以后领导就对小雅有意见了,哪怕小雅表现得再好,领导也总是对小雅的付出视而不见。小

第3章
有方向和目标，脚下才有路

雅意识到自己得罪了领导，恨不得把自己的嘴巴缝起来，她发誓以后再遇到任何机会，也都绝对闭口不言。

有一天，董事长来公司考察业务，还随机挑选了一些同事召开座谈会。实际上董事长是怕自己被管理层的话蒙蔽导致闭目塞听，因而故意随机抽取了一部分同事来了解公司的情况，这其中恰好就有小雅。在这次会议上，小雅原本有机会表达对公司制度的不满，但是她却没有说，因为她一直想着自己不能当炮灰。然而，这却是一次千载难逢的好机会。小雅白白错过了这次机会，以后再想见到董事长就很难了。

在这个事例中，小雅并没有什么错，她只是按照自己的本性表达自己真实的想法而已，但是她错就错在不该在领导面前说太多毫无保留的话。而在等到董事长到来之后，小雅却选择了闭口不言，实际上董事长之所以想避开管理层了解公司的情况，那么就说明董事长是很真诚的，也是希望公司变得更好。小雅不合时宜地闭嘴，又错过了这个机会。不得不说，小雅是被自己的心禁锢住了，她没有从领导对她的不公待遇中走出来，所以始终心怀忌惮。

每个人的心都是一个迷宫，作为这个迷宫的建造者，我们有的时候甚至无法从这个迷宫里走出来，这是因为我们的心中有太多的恐惧和胆怯，也有太多的顾虑和担忧。在这种情况下，我们当然不能完全释放自己，让自己尽情地诉说。实际

内在疗愈
为什么努力了没回报

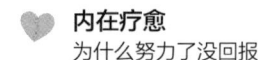

上,这完全没有必要,哪怕我们因为快言快语曾经得罪过人,那也是最真实的自己。当我们总是处处小心在意,我们也就活成了别人的样子。

尤其是在感到自卑的时候,我们更应该拥有勇敢的心,而不应该被自卑困扰。当我们学会放下自己,不把自己看得太重,才不会被自卑困住。此外,当遭到批评的时候,我们也要及时地从负面情绪中走出来。当我们认为一切的批评和建议都是理所当然存在的时候,我们也就能够坦然面对他人不同的意见和态度,也就不会因此而让自己变得畏缩怯懦了。

梦想,是人生的指明灯

每个人都应该有梦想,只要有梦想,人生就有方向。从本质上而言,梦想是人生的奋斗目标,尤其是作为年轻人,哪怕有年轻作为资本,如果对待人生始终浑浑噩噩、漫无目的,那么最终也会错失最美好的青春时光,而导致自己一事无成。从这个意义上而言,梦想又像是督促我们不断努力的动力。唯有在梦想的鞭策下,我们才能不断地奋发向前,也唯有在梦想的指引下,我们的人生才有方向。

如果说梦想是获得成功必不可少的条件,那么人生要想

第3章
有方向和目标，脚下才有路

获得成功，还需要拥有明确的目标和方向。对于一辆高速行驶的汽车而言，最重要的不是有充足的动力，而是要有方向盘，这样才能让汽车驶向梦想的地方。否则，如果一辆汽车没有方向盘，只是在漫无目的地四处乱窜，只怕动力再充足也只是南辕北辙，最终一事无成。很多人都曾经听说过"南辕北辙"的故事，在这个故事里，正是因为方向错误，所以导致一切有利的条件都变成了对结果不利的条件，故事的主人公永远也无法到达自己想去的地方。没有梦想的人生，或者说方向错误的人生，同样也会面临这样的窘境，那就是在不断努力和奋斗的过程中，渐渐地远离自己的初心，使自己永远也无法到达人生的目的地。由此可见，我们必须有梦想，也要树立人生的方向，才能制订奋斗的计划和切实可行的人生路线，最终获得成功。

为了调查梦想对于人生的意义和作用，曾经有一位美国耶鲁大学的教授对学生进行过跟踪调查。他随机选择了一个班级的学生作为研究对象，询问学生们对于未来的人生是否有规划。对于教授的提问，有些学生的眼神中写满了茫然无知，有些学生则当即说出了自己的人生规划，似乎这已经是在他们心中盘桓已久的。还有的学生介于这两者之间，他们看起来犹豫不决，似乎心中有模糊的方向，但是却又不能准确清晰地说出来。最终，教授针对这些学生的回答做出统计，结果显示只有

内在疗愈
为什么努力了没回报

十分之一的学生有明确的人生理想和方向。当然，教授并没有评估这些学生的梦想是否可行，而是要求学生们把梦想写在纸上。学生们当即把自己的梦想准确记录下来，在这百分之十的学生里，实际上只有百分之四的学生对于自己的梦想有具体而准确清晰的描述，这说明他们对自己的梦想是非常认真和努力的。其他的学生只是用简单的话陈述自己的梦想，只是把梦想当成人生中瑰丽的梦。

转眼之间，时间已经过去了二十年，教授也已经迈入了老年行列。他派出自己的助手去对那些遍布全世界的实验对象进行回访。最终的结果显示，当年那些拥有梦想的百分之十的学生，如今全都生活得非常充实，也做出了一定的成就。而那些茫然无知的学生，人生过得颠三倒四，依然是在混沌度日。不得不提的是，在拥有梦想的百分之十学生中，那百分之四、能够把自己的梦想生动形象描摹出来的学生，他们都已经成为成功人士，成为各行各业的高精尖人才。他们掌握了大量的财富，仅仅他们掌握的财富，就已经超过了剩下的百分之九十六的学生的总和。不得不说，梦想的力量是强大的，它可以让人以一当十，也可以让人的一生功成名就。

耶鲁大学教授的调查告诉我们，人生要想有所成就，就必须首先确定方向，也要树立梦想。对于一个目的明确的职场人士而言，他们往往更能够找到自己发展的重点，也更容易获得成功。这就像是在一次旅途中，我们要想到达目的地，首先要知道目的地在哪里。否则，如果我们漫无目的，那么也就无所谓目的地。作为新时代的年轻人，我们更要对自己的人生有规划、有计划。否则如果只凭着生活的惯性蒙混度日，又有什么意义呢？

细心的朋友们会发现，大多数成功者都是目标明确的人。他们一旦确定目标，就会不遗余力地朝着目标奋进，哪怕其间遭遇风雨泥泞和坎坷磨难，他们也从不放弃，更不畏惧。这也正是因为大多数人虽然先天条件相差无几，但是却只有少数人能够获得成功的原因。与真正的成功者相比，有些人虽然看起来很努力，但是他们就像一只被蒙住眼睛的驴子，始终都在原地转圈，所以他们的人生很少有进步，他们的努力也都没有结果。这就是有梦想和没有梦想的区别，这就是方向对于人生的重要意义。

你不优秀，又怎能奢望掌声

每一个混迹职场的人大概都有过这样的经历，那就是遇到一个自己不喜欢的上司，或者是遇到一位与自己针锋相对的同事。相比起前者，后者显然更加糟糕，这是因为我们与上司

> **内在疗愈**
> 为什么努力了没回报

的相处并不是朝夕相见，也可以说还有逃避的空间。但是我们与同事的相处却无法避免，尤其是如今职场上最讲究分工与合作，虽然分工更加明确，但是合作也显得更密切。在这种情况下，我们当然不可能与同事避而不见，或者对同事视若无睹。可以说，每一位职场人士都需要与同事搞好关系，至少要与同事保持正常的合作关系，这样才能让工作顺利进行下去。

对于职场树敌这件事情，很多职场人士都有不同的见解，向来都是褒贬不一，各说各话。职场经验丰富的老人与缺乏职场经验的新人之间，对于这个问题更是争辩不已。对于职场老人而言，与同事的关系其实并没那么重要，只要保持表面的和谐即可，但偏偏很多职场新人对同事总是倾注太多的感情，他们不知道不能把同事当朋友的道理，最终也因为与同事走得太近，导致自己受到伤害。在这种情况下，一旦与同事争吵，他们会完全乱了阵脚，还有一些新人因为一时冲动，与同事之间有了争执和不愉快，就决定辞职，导致自己不得不再次面临失业而四处奔波寻找工作。此外，对于职场上针锋相对的同事，不同性格的人也会做出不同的应对措施。有些性格软弱的人，为了避免与同事再次见面，不得不辞掉工作或者申请调换部门，有一些性格强势的人天生就是人生的斗士，他们因为要与同事之间展开斗争而觉得热血沸腾。在这种情况下，他们当然要努力战胜对手，从而让自己占据优势。然而，不管采取怎样的态度去面对与自己有矛盾和纷争的同事,有一点毋庸置疑,那就是你的敌人既不会因为你的软弱怯懦而主动消失在你的面前,更不会因为你的越战越勇就轻易缴械投降。这注定了职场上的人事关系非常复杂,也告诉你只有坚持长期的奋斗,才能最终赢得胜利。

每个人都必须明白的一件事情是,在这个世界上除了父母之外,没有任何人必须无条件地对我们好。换个角度来说,我们哪怕再怎么努力改变自己,也不可能赢得所有人的满意。既然如此,我们为何要奢望与同事之间建立亲密友好的关系呢?我们与其处处谨小慎微,讨好同事,还不如做最真实的自己,把自己原原本本的样子呈现在同事面前。这样也许反而能够减少日后的纠纷和矛盾。如果你去问那些职场经验丰富的老人,他们会告诉你,职场之路从来不是一帆风顺的,而且你在职场上待的时间越来越长,你就会更有可能遇上各种各样的窝囊事和糟心事。所以混迹职场千万不要因为一个不喜欢的同事就采取回避的态度,甚至让自己陷入失业的状态,因为这样做无异于把胜利拱手相让给对方。当然我们也没有必要因为一点矛盾和纠纷就与同事成为敌人,水火不容。实际上每个人在职场上工作都是为了养家糊口,都有着自己的艰难和辛苦,与其针锋相对,让关系无法相处,还不如相互体谅,营造良好相处的氛围。当然,这并非是一厢情愿就可以实现的,人在职场,归根

内在疗愈
为什么努力了没回报

结底还是难免会遇到那些强势恶劣的人。对于这样的人，我们一定要斗智斗勇。职场上唯一的不变的原则就是当你足够优秀时，你才能赢得全世界的掌声，所以与其与对方怄气而懈怠工作，不如更加努力，等你爬到金字塔的塔尖时，难道对方还会对你不屑一顾和怒目以视吗？也可以说，这才是真正解决问题的办法，也是真正征服与我们针锋相对、水火不容的同事的好办法。

小艾第一天上班，就明显感觉到办公室里有个同事对她怀有敌意。小艾初来乍到，并不知道这其中复杂的关系，因而也就没有把这份敌意放在心上。然而没过多久，那位叫刘丹的同事就开始与小艾针锋相对，还把小艾视为眼中钉、肉中刺，甚至恨不得马上把小艾赶走。

一个偶然的机会，小艾与一位老同事一起吃饭，才听到老同事说起其中的门道来。原来，那位叫刘丹的同事之所以对小艾意见很大，是因为领导之前非常看重刘丹，而刘丹却仗着自己在公司里的资历为所欲为，最终得罪了领导。领导紧急招小艾进入公司，目的就是栽培小艾，从而让小艾对那位同事起到掣肘的作用，甚至完全替代刘丹。小艾这才理解了刘丹对自己的敌意，但是小艾从来不是一个软弱无能的姑娘，所以她并不想主动辞职。对于小艾而言，这也是一次很好的机会，她也想让自己有所发展。为此，小艾坚强地留下来，哪怕刘丹对她再

第3章
有方向和目标，脚下才有路

怎么挑刺，她也始终保持忍耐的态度。与此同时，小艾还抓紧时间学习，毕竟她刚来公司，对于公司的很多规章制度和业务流程都不熟悉。小艾相信等到自己对业务熟练之后，一定会得到领导更多的支持。

在经过半年多的努力后，小艾终于成长为公司的"老人"，对公司的业务非常熟悉。也许对于一个普通人而言，至少需要一年的时间才能完全适应公司，但是小艾只用了半年的时间就让自己成为公司的业务骨干，不得不说小艾进步神速。领导对小艾非常满意，经常在会议上公开表扬小艾。渐渐地，刘丹对小艾再也不敢怒目以视了，她原本把小艾当成敌人，现在看到小艾彻底在公司里站稳脚跟，因而只能尝试着与小艾搞好关系，甚至有意识地拉拢小艾。

这个事例中，小艾如果心智不够成熟，很可能选择不蹚这趟浑水，进而辞职，那么对她而言，等待着她的将是找工作的漫长过程。而在这家公司，小艾很容易就能得到领导的赏识和认可，这是因为领导想要让小艾掣肘刘丹。小艾可不愿意放弃这千载难逢的好机会，她是个聪明的女孩，所以选择让自己变得优秀。她相信当自己赢得全世界的掌声之后，刘丹也会对她佩服得五体投地。果不其然，在经过一段时间的努力之后，小艾真的做到了，这才是最漂亮的职场表现。

生活从来就不是以美好的形象出现的。在生活中遇到的那

> 内在疗愈
> 为什么努力了没回报

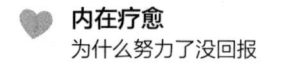

些人，也并不一定会与我们成为朋友。在职场上游走，我们难免会遇到很多敌人，或者可以选择逃避，彻底地败下阵来，也或者可以选择勇敢面对，用自己的优秀征服对方。在迎难而上的过程中，我们的力量也会变得越来越强大，我们的存在会让对方感到心生畏惧，我们的优秀会让"敌人"及全世界都给予掌声。

破釜沉舟的决心，会让你有一番成就

现实生活中，很多人都缺乏破釜沉舟的精神，在做很多事情的时候，他们明明已经想得非常周全，却总是犹豫不决，导致错失良机。等到机会悄然溜走之后，他们又感到懊悔，生怕自己再也没有同样的机会可以抓住了。殊不知，机会是从来不会再来的，哪怕再次有相似的机会，你的情况也会变得不同。所以，对于人生而言是没有后悔药可买的。我们要想拥有无怨无悔的人生，就一定要有非凡的勇气和果断的魄力，这样在面对千载难逢的好机会时，我们才能彻底抓住而决不放弃。

人为什么总是会犹豫不决呢？归根结底，是因为人不知道自己的人生需要的是彻底颠覆，还是只需要略微调整一下方

第 3 章
有方向和目标，脚下才有路

向就可以。只有在解决这个问题之后，人们对于人生才会有更加明确的规划，也才能在人生中出现契机和转折点的时候表现出决绝的勇气。例如，你对自己的人生只是有一点不满意，那么你可以略微调整人生，反之，如果你对自己的人生极其不满意，那么你需要做的就是彻底颠覆人生，让自己的人生改头换面，也给予自己获得新生的机会，让自己拥有崭新的人生。

当然，对于大多数对生活没有太多奢望的人而言，也许眼下的生活就已经比较好了，无须进行彻头彻尾的改变。对于这样的人，我们没有权利指责，毕竟选择人生是每个人的权利，而每个人对于人生的理解和渴望也是完全不同的。有人对人生的唯一希望就是岁月静好，有人怕的是生命日复一日地重复下去，没有任何波澜，如同一潭死水。所以即使是相同的生活放在不同的人身上，他们也会有不同的感悟。在这种情况下，我们无需过分强求他人的人生，而是要努力把握自己的人生。

如果你恰巧是那种希望自己的人生风云迭起的人，那么你注定了不能过安稳的日子，因为你的心原本就不安分，你更渴望的是波澜起伏的人生。既然如此，你当然要彻底颠覆人生。现实生活中，总有些人对生命和工作都感到非常乏味，他们做每件事情都感到心生厌倦，丝毫提不起兴致来，但是又无法果断放弃此刻拥有的生活。毫无疑问，他们会变得犹豫和懊恼，也正是在他们拿不定主意的时候，人生悄然流逝，一去不返。众所周知，青春的时光非常短暂，等到青春真正溜走之后，要想再抓住青春的尾巴，可就没那么容易了。每一个人要想成为生命的主宰，就要努力改变心态，从而拥有从不懊悔的人生。需要注意的是，很多年轻人总觉得年轻就是最大的资本，认为年轻的自己有很多理由去犯错再重新来过，因此他们肆意挥霍自己的青春年华。但是实际上人生并不能重来，很多时候，懵懂无知的年轻人只是在透支和浪费人生而已。

秦朝末年，秦国派出大将军章邯攻打赵国。赵国军队势力衰弱，在大将军章邯的不断进攻下，节节败退，最终退到巨鹿，被章邯率军队团团围住。无奈之下，赵王只好派人去向楚怀王求救。楚怀王封宋义为上将军，封项羽为副将军，让他们率领大军前去巨鹿，解决赵军。

然而，宋义率领大军到达安阳之后，就安营扎寨，再也不向前行军了。他不管将士们缺衣少食，只顾着自己花天酒地，虽然副将军项羽再三请求继续渡江北上，从而与赵军里应外合击退秦军，但是宋义却按兵不动。原来，他想等到赵军和秦军都损失惨重之后再发兵，因此他喝令军中不能轻举妄动，否则格杀勿论。项羽怒火冲天，趁着宋义在营帐中花天酒地时，冲入营帐杀死宋义，并且自封为代理上将军。将在外，军令有所

第3章
有方向和目标，脚下才有路

不受，楚怀王得知消息后，只好正式封项羽为上将军，让项羽率军渡河，解决赵国。

项羽杀了宋义，在军中树立了威信，当即派出两万精兵强将渡河，在这支先锋队伍获得胜利并且请求增援后，项羽决定率领全军马上渡河。为了让将士们拼尽全力与秦军决战，项羽在渡河之后，马上下令凿穿渡河的船只，砸碎做饭用的锅灶，并且也烧毁宿营的帐篷。他只给每位将士发了三天的口粮。恰恰是这些举措，让将士们意识到这一战要么胜利，要么战死沙场，而绝无回头路可走。为此，每一个将士都以一当十，奋不顾身，与秦军殊死搏斗。在经过九次进攻之后，项羽终于成功打败秦军，解了赵国的围困。也正是这次战役，使得秦军元气大伤，没过几年，秦国就彻底灭亡了。

其实，历史资料告诉我们，就在项羽破釜沉舟与秦军决战时，其他诸侯国的军队就在巨鹿附近驻扎着，只不过他们害怕秦军的强大，不敢轻易发兵而已。而项羽在这场战役中威名大震，从此之后，项羽率领军队成为反抗秦国的重要力量。如果项羽没有凿穿渡河的船只，没有砸碎做饭的锅灶，没有烧毁晚上休息的帐篷，那么将士们在与秦军拼杀的时候，一定会因为还有后路，而无法表现出决绝的勇气。这是因为人在有后路的情况下，心中总是少了一种决绝，而在没有后路的情况下，却会爆发出惊人的勇气和力量。

内在疗愈
为什么努力了没回报

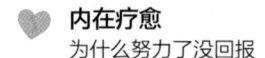

曾经有一个人被洪水困在山上，因而躲到山洞里，不想等到洪水退去，山洞却被一块巨石死死挡住。这个人意识到自己如果出不了山洞，就有可能饿死在山洞中，因而他鼓起勇气，用尽全身的力气，居然把巨石推开了。等他安然回到村子里，向村民们讲起自己脱险的经历，村民们无论如何也不相信他居然能推动巨石。为此，他再次上山，想当着村民们的面再次推动巨石。然而，这次无论他使出多少力气，也无论他尝试多少次，巨石都纹丝不动。这又如何解释呢？实际上，正是因为他面对生死的考验，激发出了力量。而在推开巨石之后，他已经安然脱险，自然也就失去了那份神奇的力量。不仅仅是在生死关头，人们在面对很多事情的时候，如果能够破釜沉舟，也会激发自己的力量成倍增长，甚至创造奇迹。

对于人生而言，任何时候都不要放弃。不管是云淡风轻的人生也好，还是风云迭起的人生也罢，这都是每个人的宿命。既然如此，我们就应该无怨无悔接纳和面对人生。如果感到后悔，就应该当机立断彻底改变人生，重新创造自己理想的人生，这才是人生该有的态度。人生苦短，根本没有那么多的时间让我们去犹豫不决。记住，唯有真正把人生握在手中的人，才是成功者。

第3章
有方向和目标，脚下才有路

不只要敢想，还必须要敢做

对于成功，每个人都有自己的定义，有人觉得成功就是岁月静好，现世安稳；有人觉得成功就是风云迭起，大风大浪；有人觉得成功就是功成名就，高官厚禄。总而言之，每个人对于成功的理解都是不同的，这也使得人们在追求成功的过程中，为自己设定的目标和方向也是不同的。从本质上而言，成功与金钱、物质、年龄都没有关系。真正的成功是能够实现人生的理想，是在人生中哪怕遭遇坎坷也绝不放弃勇于拼搏，是藐视整个世界的勇气和果敢。正如鲁迅先生所说，"这个世界上本没有路，走的人多了，也便成了路"。每个人的人生之路都必须依靠自己亲自走出来，每个人只有不断努力和奋斗才能实现自身的价值，否则，如果一个人总是自暴自弃，甚至不敢拼搏，那么他们又如何能够获得成功呢？

道理人人都懂，但是真正面对人生中的坎坷境遇，有些人还是会感到怯懦。他们不但不敢想，更不敢去做，或者即使想到了也不敢真正地展开行动。他们的人生缺乏拼搏的精神，他们也不愿意真正地超越自己，因而总是寻找各种各样的借口帮助自己逃避竞争。不得不说，他们都是人生的弱者，既无法成为人生的主宰，更不可能操控命运。

所谓拼搏，就是勇往直前。相信很多朋友们都曾经看过

内在疗愈
为什么努力了没回报

电视剧《亮剑》。在《亮剑》最后的结局阶段，主人公李云龙所说的那段话让人印象深刻，也正是这段话诠释了亮剑精神的真谛。李云龙告诉人们："古代剑客们在与对手狭路相逢时，无论对手多么强大，就算对方是天下第一剑客，明知不敌，也要亮出自己的宝剑，即使倒在对方的剑下，也虽败犹荣。这就是亮剑精神。"李云龙为何能够在战场上创造一个又一个传奇呢？正是因为他具有亮剑精神。亮剑精神就是勇敢无畏，就是宁为玉碎不为瓦全，就是拼搏的心态。作为一名军人，李云龙虽然出身贫寒，也没有学习过多少文化知识，但是他的精神是骨子里与生俱来的。亮剑精神正是李云龙戎马生涯、浴血沙场的真实写照。正是这种精神使李云龙变得强大起来，让他无所畏惧，让他征服整个世界。

如今处于和平年代，我们不需要去战场上与敌人浴血奋战，不过作为新时代的年轻人，我们一定要拥有亮剑精神，更要勇敢地努力拼搏。很多年轻人总是唯唯诺诺，哪怕有了好的想法，也总是瞻前顾后，美其名曰未雨绸缪，实际上是杞人忧天，最终导致自己错失良机。不得不说，这是胆小怯懦的表现，而并非是考虑周全。还有些年轻人富有拼搏精神，他们对于自己认准了要去做的事情总是一往无前，哪怕失败了也在所不惜。从本质上而言，和原地踏步相比，就算失败了也能获得更加丰富的经验，所以虽败犹荣。有心人还能从失败中吸取经

第3章
有方向和目标，脚下才有路

验和教训，最终获得成功。

大学毕业后，乔乔回到家乡当了一名小学老师。然而，她并不甘心，尤其当想到很多同学都去了南方的城市打拼，她也很想背起行囊游走天涯。但是因为父母反对，她只好勉为其难回到家乡。她虽然人在家乡，心却始终牵系着外面的世界。她渴望去外面更为广阔的天地发展，也希望能从同学那里得到更多关于大城市的消息。

春节时，在大城市打拼的同学都回家过年了，乔乔赶紧去拜访他们，向他们详细询问在大城市里工作和生活的情形。看得出来，这些同学虽然才离开家乡一年，但是他们的气质和形象明显不同了。如果说在家里生活惯了的人总有一种安守本分的气质，那么这些同学则是意气风发，似乎把全世界握在了手中。看着同学们得意的样子，乔乔觉得难过极了，她委屈地说："我总觉得自己的人生已经到头了，因为从现在开始到未来几十年，我都要过着这样的生活，日子一眼就能看到头，让人觉得没有任何希望。"听到乔乔这样说，好朋友丽丽赶紧鼓励她："乔乔，你也辞掉工作吧，至少你现在去大城市还有我们这些同学帮你。我们可以帮你联系工作，哪怕你暂时找不到工作，也有地方吃住。可不像我们刚去的时候，两眼一抹黑。你要是现在不辞掉工作，等到时间久了，你更习惯现在的生活，也就更没有斗志了。"

内在疗愈
为什么努力了没回报

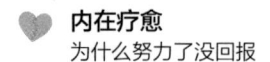

丽丽的话让乔乔陷入深思，她意识到丽丽说的是正确的，也意识到自己必须当机立断马上改变，否则未来就更没有改变的机会了。又经过半年的思考，乔乔终于下定决心。她瞒着父母辞掉工作，背起行囊去了大城市。直到在大城市里安定下来之后，乔乔才把自己的消息告诉父母。这时，父母已经无法再说服乔乔回来了，因为乔乔已经辞掉了工作。父母知道乔乔没有回头路可走，只好大力支持乔乔。就这样，乔乔和同学们一样在大城市打拼，也许生活的确很苦，但是她却觉得苦中有乐，也觉得自己的人生充满了无限的可能。

想到不去做，只能让人生继续委屈下去，这样一来，想又有什么意义呢？再好的想法都会变成空想，都只会成为人生的桎梏，而不能让人生摆脱束缚，展翅翱翔。事例中的乔乔虽然犹豫不决，最终还是在同学们的鼓励下勇敢地改变了自己的命运。不得不说，乔乔是有拼搏精神的。最终她也许会生活得比在家乡更好，也许会生活得没有家乡安稳，但是既然这是她自己做出的选择，她一定不会后悔。每一个年轻人都应该对自己有信心，凭着拼搏奋斗的精神，相信自己一定能通过双手真正改变人生。

我们要想获得成功的人生，首先要有拼搏的精神。古今中外，每一个伟大的人，每一个成功的人，都是敢于拼搏的人。正因为有拼搏的精神，他们才铸就了辉煌的人生，也让人生变得更加精彩、充实。人人都知道，人生是非常短暂的，只有七八十年的时间，长也不过百年。面对人生，我们当然应该珍惜，尤其是要抓住人生中最美好的青春时光，敢想敢干，努力拼搏，哪怕经历磨难，也无怨无悔。

第4章

现在的你，只是看起来很努力

现实生活中，很多人自以为很努力，却没有得到想要的结果，因此就怨声载道，不是抱怨命运不公，就是抱怨人生太多坎坷，唯独忘记了反省自己，是否真的足够努力。真正的努力是要有成效的，而不是看似忙碌，却最终碌碌无为。真正努力的人生，不会在该奋斗的时候贪图享乐，更不会在青春的年纪里终日懒散，让人生一切的辛苦都只限于空想。

内在疗愈
为什么努力了没回报

你就是你，不是他人的影子

人人都想追求特立独行，然而等到自己真的与大多数人不同时，他们又会感到焦灼不安，不愿意成为那个与大多数人不相协调的人。正是基于这样的原因，有些原本个性分明的人最终选择打磨个性，让自己成为边角圆滑的鹅卵石。有些决定丁克的人，最终到了四五十岁的高龄还是选择生一个孩子，从而让自己老了之后膝下有子。也有一些不愿意结婚、坚定不移的不婚主义者，没有坚持到最后，仓促地结了婚，只是这样的婚姻未必如他们所愿。即使是凑合也未必能够凑合下去，最终他们不得不落得离婚的下场。坚持了一生的婚姻理念，就这样破碎了一地，不得不让人感慨唏嘘：人生到底是怎么了？为什么总是与我们的所思所想背道而驰呢？归根结底，是因为大多数人对于人生的理解出现了偏差。

生命到底为什么存在，而且能够得以延续，这大概是因为父母和长辈传宗接代的思想。至于为什么活着，则关系到每个人的人生观、世界观和价值观，是需要我们自己去寻找的。很多人哪怕活了大半辈子，对于为什么活着也不甚明了。他们一

第4章
现在的你，只是看起来很努力

开始坚定不移地要为自己活着，而等到时间悄然流逝，他们渐渐开始怀疑自己的想法，甚至主动要求为他人活着。活得迷失了自我，到底是成功还是失败呢？

对于人生的成功，每个人有不同的理解，有人理解成功是赚到很多钱；有人理解成功是能买得起大房子，买得起豪车；有人理解成功是儿女成群；有人理解成功是高官厚禄……而对于每一个人而言，成功最根本的定义就是活成自己期望的那样。毫无疑问，每个人对于人生的期望都是不同的。但是在现实生活中，只有很少的人能够活成自己期望的样子，大多数人迫于各种各样的压力，不得不对社会和世俗做出妥协，成为别人想看的样子。或者说他们最终成为大多数人的样子，这样他们在群体之中看起来并不突兀，也让他们可以安心地隐藏在群体之中获得安全感。然而，对于失去自我的人而言，安全感真的能够长久保持下去，让人生风平浪静吗？

佳佳是一名不婚主义者。大学毕业后，她以优异的成绩留在学校，成了辅导员。后来，她又考上了本校的研究生，读完研究生之后又留校成为一名老师。实际上，佳佳不婚主义并不是因为受到爸爸妈妈的影响，他的爸爸妈妈非常和睦恩爱，而佳佳之所以不愿意结婚，是不想把自己宝贵的青春年华浪费在谈恋爱中的口角之争上，更不想让自己的大半生都在柴、米、油、盐、酱、醋、茶的琐碎中度过。

内在疗愈
为什么努力了没回报

佳佳的不婚主义一直坚持到三十五岁,等到三十五岁之后,爸爸妈妈再也无法忍耐她的不婚主义,甚至发动七大姑八大姨来给佳佳做思想工作。在所有亲戚朋友的轮番攻势下,佳佳最终缴械投降,她也觉得自己作为一个老姑娘,整日在学校里晃荡来晃荡去和学生们为伴,的确是奇怪了些。

在同事的介绍下,佳佳和一个大龄男青年见面。实际上,在初见这个男青年时,佳佳就觉得他与自己心目中白马王子的形象相差甚远。然而佳佳并没有更好的选择,在考察了一段时间之后,她勉为其难地接受了这个男青年,甚至觉得这个男青年虽然不如自己的意,但是至少看起来憨厚,应该会对自己非常好。然而婚后的生活让佳佳感到非常苦恼,因为这个男青年就像一个没有长大的孩子,有严重的恋母情结。才结婚几个月,佳佳就选择了离婚。她之所以同意结婚是想找一个人疼爱自己,而不是给自己找一个儿子来照顾与呵护。正因为一念之差,佳佳从一个不婚主义者变成了一个离婚之后的单身主义者,这对于佳佳的人生是一个多么大的嘲笑和讽刺啊!

没有人规定我们必须像其他人那样活着。每个人都有权利决定自己的人生,也有权利决定是否要融入大多数人的队伍之中,成为看起来和他人一样的一分子。我们完全可以特立独行,我们也可以标新立异,只要我们的内心对自己忠实坚定,我们就可以把这一切做到极致。

第4章
现在的你，只是看起来很努力

贪图安逸，人生毫无意义

现代社会，人的心态越来越浮躁，很少有人愿意依靠努力打拼改变命运，大多数人都想一蹴而就获得成功，或者恨不得在生下来就拥有作为富一代或者官一代的爸爸妈妈。的确，富二代和官二代是含着金汤勺出生的，甚至普通穷人家的孩子，哪怕付出一生的努力，也无法达到富二代和官二代出生的起点。那么，如果命运偏偏安排我们生在普通人家，难道我们就要因此而彻底放弃努力吗？这显然不是人生该有的态度，不如扪心自问：有几个人是真正的富二代和官二代？有几个富一代和官一代不是靠着自己的努力拼搏，才改变命运的？既然没有不劳而获的好运气当富二代和官二代，那么不如就从平凡的生活做起，让根深深地扎入泥土，从而努力生长，改变命运。

如今，整个社会风气都变得莫名其妙，很多年轻人在寻找人生伴侣时，不是看对方是否与自己性格相投、脾气相和，而是问对方有没有房子、车子，甚至还要考察对方的父母有没有退休金，有没有一定的经济实力。不得不说在这样的社会风气下，很多年轻人就连解决终身大事都成了问题。原本爱情是你情我愿的美事，如今却成了用金钱打头阵的赤裸裸的交易。归根结底，还是因为有些人不愿意奋斗，而想要借助结婚的机会，让自己再次投胎，从此过上锦衣玉食的生活。心态不端正

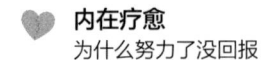

的人，就算进入豪门也未必能够得到幸福。

很多年轻人在大学毕业后寻找工作的时候，恨不得拿最高的薪水，做最轻松的活。殊不知，在这个世界上除了父母能够无怨无悔地养活你之外，还有谁能够这样毫无保留地为你付出呢？职场上竞争非常激烈，作为没有任何工作经验的大学毕业生，要想找到心仪的工作并不是简单的事情。还有些大学生学历不够高，或者不是出身名校，那么就更要靠着自己的努力拼搏才能拥有美好的未来。

很多大学生毕业之后想进入国企，因为觉得国企里收入高，福利好，工作清闲。记住，这个世界上从来没有一蹴而就的成功，也没有天上掉馅饼的好事。对于每个人而言，要想有所收获，就必须坚持付出，这是毋庸置疑的。如果年轻的时候选择了安逸和享受，那么等到人到中年，我们也许就会吃尽生活的苦头。相反，那些在年轻时努力工作的人，等到有了一定的资本和资历之后，就可以更轻松地面对生活和工作了。

每个人都向往岁月静好的生活，然而现实却并不能尽如人意。对于每个年轻人而言，当下就是最应该努力拼搏的时刻。在本该吃苦的年纪，千万不要贪图安逸和享受，否则就相当于放弃了自己的人生。常言道，"宝剑锋从磨砺出，梅花香自苦寒来"。从大学校园中走出来时，每个大学生的条件都相差无几，而等到十年之后，在经历社会的磨砺之后，大学同学再相见，彼此之间的差距简直是天壤之别。没有人愿意成为一个默默无闻的人，大多数人都想获得成功，但是我们只能改变自己而无法控制外面的世界。聪明的你，当然应该知道怎么去做。

一分耕耘一分收获，很多时候并非我们能力不足，而是因为内心禁锢了我们的选择。大多数人都想安逸，想不劳而获，而在人生的每一个阶段，享受与付出都是相对的。尤其是在年轻的时候，付出总是必不可少的。只有那些努力付出并且时刻做好准备的人，才能抓住机会，改变人生。实际上，没有人生来就喜欢辛苦与操劳，但是生存游戏的规则告诉我们，要想在这个社会上立足就必须坚持付出。每个人都唯有经历付出的过程，才能让自己在不断奔跑时，越来越接近成功的终点。

唯有努力，才能让你瞩目

前段时间网上流行一个帖子，大概意思说那些看似成功的人背后，实际上是有特殊背景的。他们并非完全依靠自己的努力而获得成功，他们拥有的资源也是普通人根本不敢想象的。帖子里列举了很多名人，包括各行各业的杰出人士，比如股神

内在疗愈
为什么努力了没回报

巴菲特。毫无疑问，这些人都是光鲜亮丽的成功人士，也是大家羡慕的对象。为了让帖子的内容更使人信服，帖子后面还附上了这些名人的个人资料，只是为了证明这些人之所以能够成功，并不是完全凭借自己的能力，而是依靠家族或者是各种权贵关系的富二代和官二代。这个帖子无疑迎合了很多网友的心态，在看完这个帖子之后，大多数网友都觉得心中释然。原本他们都为自己为何不像那些人一样成功而耿耿于怀，现在他们知道自己之所以不成功，并不是因为不努力，而是因为没有这些人背后错综复杂的关系。不得不说，写这个帖子的人心中一定是失去平衡的。实际上，他之所以发表这个帖子，也是为了安慰自己失衡的内心，从而在网上找到与自己属于同一个阵营的人，一起抨击这些名人。

从深层的心理角度而言，他们甚至是为自己开脱，只是为了让大众都承认他们也是非常优秀的人，只是因为没有独特的背景和人脉关系，所以才会始终默默无闻。实际上，有谁该为你的平凡买单呢？除了你自己，没有任何人会因为你是平庸还是伟大而受到影响。不知道从什么时候开始，人们似乎陷入一个心理怪圈，就是见不得别人比自己过得好。当看到别人取得非凡的成就时，他们总是情不自禁地想要挖掘出背后深层的原因，他们的目的就是把这些人的成功与他们的努力奋斗分离开来，从而为自己的消极沮丧和颓废懒惰寻找借口和理由。

每个人都怀揣着自己的梦想，在人生的道路上奔波。如果有人告诉你，你就算穷尽一生也无法实现自己的梦想，你难道会从现在开始就彻底放弃自己的梦想吗？对于这个问题，很多人给出的回答都是肯定的。这正是大多数人碌碌无为、平庸无奇的原因。真正能够获得成功的，是那些绝不放弃自己梦想的人。很多人觉得梦想只有实现了，对于人生才有真实的意义，而实际上梦想更像是人生的指明灯，它帮助人们在处于暗淡和看不到希望的情况下依然能够坚持自己内心的方向，坚持初心。有的时候，我们穷尽一生也未必能够实现自己的梦想，但是我们可以问心无愧地对自己说："我真正努力过！"

梦想也并非只有实现才有意义。当我们为梦想付出毕生的努力，即使不能实现梦想，面对梦想，我们也可以坦然转身。这就是梦想的意义。似乎每一个人都在拼命地逃避失败，从而证明自己，却不知道失败也是人生的宿命，从未有任何人能够完全摆脱失败的打击。从某种意义上而言，与其费尽辛苦地寻找成功的捷径，还不如坦然面对失败。正如人们常说的，失败是成功之母，我们唯有从失败中吸取经验和教训，并且踩在失败的肩膀之上站起来，那么我们也就获得了真正的成功。

不管什么时候，我们都要记住，只有努力，才能得到整个世界的瞩目。不管结果如何，只要我们努力了，就无愧于人生，就值得尊重。人生从来没有固定的模式，就像人们常说"人生是一条没有归途的路，是一场没有归程的旅行"，那么在人生的路上看到了什么、感受到了什么，这才是我们真正能够从人生中得到的。至于人生的结果如何，这并非完全取决于我们的努力，而是很多其他因素相互影响和作用的结果。所以我们对人生固然要执着，对梦想固然要坚持，但是在努力之后，我们也要学会释然，也要学会潇洒地转身。

生活向前，你不能止步不前

现代社会心灵鸡汤泛滥，有太多的心灵鸡汤教人安守本分，尽享岁月，而不要对现状有任何的抱怨和不满。现实生活中，很多人喜欢喝鲜美的鸡汤。心灵鸡汤这个词语真的非常准确贴切，所谓的心灵鸡汤，恰恰能够让人的心灵得到满足。遗憾的是，从本质上而言，这种满足很有可能是自欺欺人。很多人都对心灵鸡汤非常熟悉，甚至对于心灵鸡汤所说的话都已经听得耳朵起老茧了，但是他们依然愿意相信心灵鸡汤，这是为什么呢？因为他们心甘情愿想要麻痹自己的心灵，让自己对生活无欲无求。

在网络发达的今天，不管是在朋友圈还是在微博，甚至是在QQ中，到处充斥着心灵鸡汤，只要随便看一眼，就能找到好几篇心灵鸡汤。大多数心灵鸡汤都毫无新意，甚至涉嫌抄袭。大多数心灵鸡汤都是劝人不要过于矛盾和纠结。实际上，人生不可能永远处于原地踏步的状态，每一个人的人生要想有好的发展和突破，就必须大步向前，哪怕前面是悬崖峭壁，也总比留在原地更好。无疑，那些劝人原地踏步、与世无争的心灵鸡汤是麻痹人心灵的毒药。尤其是有些心灵鸡汤并未给人切实有效的指导，让人感觉这些心灵鸡汤在回避问题，且只会无病呻吟。

心灵鸡汤让人在生活中一定要学会随遇而安，然后又列举很多名人说过的类似的话，实际上名人说这些话的时候到底是怎样的情景，后人已经无从考证。而且名人说出这番话未必是我们今日理解的这些意思。作为现代人，我们无法生活在已经逝去的名人的话中，我们必须知道命运要掌握在我们自己的手里。任何时候，我们都要学会操控命运，哪怕人生遭遇风浪和泥泞，也必须坚强不屈，勇往直前。这样，我们在自己的人生中才会有更多主动权，也才会拥有更多的可能性。

大多数心灵鸡汤都打着文艺腔，说起话来文绉绉的，带着文艺青年的范儿，而且带有很浓郁的抒情色彩。如果以较真的心态来看，这些心灵鸡汤都是无病呻吟，空洞无物的。很多心灵鸡汤还会配一些非常漂亮的图画，让人心生向往，整个人

内在疗愈
为什么努力了没回报

似乎都沉浸在一种言说不清的神奇气氛中,甚至完全忘记了生活中的烦恼和苦涩,而误以为生活只剩下了甘甜和美好。撕开这些心灵鸡汤虚伪的外衣,我们会发现心灵鸡汤的本质都是在劝人要凑合,即不要与其他人争,要委屈自己,放平自己的内心,让自己从不满足到满足,从不甘心到甘心。总而言之,心灵鸡汤在告诉我们凑活过完这一辈子吧,与其跟自己较劲,还不如去看看大好河山,回来也许就想开了呢。的确,人生中有很多事情是不能认真和较劲的,但是人生中的大多数事情也是必须认真对待的。没有人会告诉你,当你真正委屈自己、忍辱负重的时候,你得到的未必是别人的感激和回报,而有可能是别人的变本加厉。所以在很多婚姻关系中,尽管常言道"宁拆一座庙,不毁一桩婚",实际上当婚姻关系破裂或者婚姻双方的确彼此不合适时,与其勉强维持婚姻关系,还不如痛定思痛打破婚姻的枷锁,这样也能让彼此都自由地面对人生,获得新的开始。由此可见,与其沉浸在心灵鸡汤的温柔乡中,不如残酷地撕开虚伪的面纱,也让自己的心勇敢地面对无法回避、注定迟早要面对的现实。

记住,人生不会原地踏步,虽然人的本性是趋利避害,大多数人都不愿意直接面对痛苦,而想当一只鸵鸟,把头埋在沙子里假装对痛苦视若无睹。归根结底,我们还是要面对这样的痛苦,还是要鼓起勇气去寻找解决问题的办法。尽管这个过程让人备感煎熬，但是最终的结果却是彻底地解决问题。这才是一劳永逸的办法。大多数情况下，人们不会对他人的话非常信服，但是心灵鸡汤之所以如此盛行，教人原地踏步也如此成功，就是因为它迎合了人们逃避的心理。从这个角度而言，要想打破心灵鸡汤的谎言，我们就要发自内心去主动改变。我们一定要告诉自己以怎样的姿态面对人生才不会在心灵鸡汤的误导下原地踏步。当然，这并非是说我们要彻底摒弃心灵鸡汤，毕竟当心灵受到伤害时，能够得到安慰和慰藉也是可以让人感受到一丝丝温暖的。但是归根结底，我们要保持理智，要明确自己想拥有怎样的人生，也要知道人生的目标和终点何在。

临渊羡鱼，不如退而结网

随着现代通信技术的发达，微信已经成为多数人必用的通信工具，在朋友圈里晒幸福也已经成为多数人的日常生活。的确，如今晒幸福变得比以前更容易了，如果说在没有微信的情况下，人们只有遇到某个人才有机会告诉他自己生活得多么好，那么现在只要在微信上随手操作，每时每刻都可以把自己幸福的生活公布于小小的朋友圈里。于是，在朋友圈里，每逢节假日的时候，我们经常看到有人去马尔代夫了，有人去欧洲

内在疗愈
为什么努力了没回报

旅游了，有人去潜水了，有人去坐热气球了。每当这时，既没有时间也没有钱而只能待在家里的我们心中难免郁郁寡欢，也不免对这些潇洒的人心生羡慕。

古人云，这山望着那山高。实际上在现实生活中，人们也常常犯这样的错误，总觉得别人的生活比自己的生活更好。必须提醒年轻朋友们注意的是，千万不要把在朋友圈里看到的别人的生活当真，如果你真正有机会去深入了解他们的生活，你会发现他们生活得并不比你幸福，甚至他们还会有比你更多的苦恼。尤其是现代社会生活压力非常大，生存的竞争也越来越激烈，不管在哪一个行业或者哪一个社会阶层中，人们的生活都不容易。对于普通工薪阶层而言，每个月不但要负担房租或者月供，而且还要为衣食住行而操心劳累。哪怕是那些已经住在别墅里的富人，也照样会有自己的烦恼。总而言之，人生从来不是一帆风顺的，每个人都会有这样或者那样的烦恼。既然如此，我们还有什么理由羡慕他人的生活呢？

我们必须弄清楚一点，即羡慕并不能让我们拥有自己梦寐以求的生活，与其花费宝贵的时间和精力羡慕他人，让自己的心郁郁寡欢，失去平衡，还不如把时间和精力投入自己的事业中，这样至少可以把事业经营得风生水起，也能让自己离梦想中的生活更近一步。

曾经，大城市的白领自我感觉良好，衣着光鲜亮丽，出

第4章
现在的你，只是看起来很努力

入高档写字楼中，得到了大多数人的羡慕。然而，前段时间一条信息简直刷爆了朋友圈，原来在高档写字楼旁卖煎饼的大妈一个月能收入三四万元，这比那些拿着几千元的白领过得潇洒得多。这也使无数白领感到愤愤不平，想不通为什么就凭卖煎饼能挣这么多钱，而自己每日朝九晚五，却过着捉襟见肘的生活。其实，没有人规定白领不能去卖煎饼。但是，如果白领卖煎饼，未必有大妈卖得好。而且，也不一定有几个白领能真的下定决心去和大妈抢生意。这就说明每个人都有自己的人生，哪怕别人因为做某件事情生活得再好，我们也不一定能够模仿别人。在这种情况下，唯有保持内心平衡，才能更加心平气和地对待生活，避免被他人的朋友圈影响自己的心情，导致自己的内心失衡而郁郁寡欢，甚至气急败坏。

很多年轻人有过这样矛盾的心理，他们一方面羡慕别人获得成功，羡慕别人收获颇丰；另一方面却不愿意放低自己的身价，让自己和别人一样辛苦操劳。除了卖煎饼的大妈之外，快递小哥的工资收入也是很多白领可望不可即的。看似默默无闻的快递小哥就凭着勤快的双腿和吃苦的品质，每个月能轻轻松松过万。为此，很多坐在办公室里风不打头雨不打脸的年轻人都感到不平衡，不知道为何自己大学毕业之后凭着能力和学识，收入却无法和快递小哥相比。然而，他们这样的羡慕妒忌恨也只是在心中一闪而过而已，甚至一阵风就能把他们的羡

内在疗愈
为什么努力了没回报

慕吹散。归根结底，他们舍不得辞掉看似风光的工作，真正去做快递小哥。既然如此，又何必羡慕像快递小哥一样的收入呢？毕竟那是快递小哥一分努力一分付出才得到的。

在人生之中，任何时候都不要带着消极的心态，因为消极的心态除了让自己变得郁郁寡欢和愤愤不平之外，对于看似不公平的结局并没有任何有效的改变。正常人在羡慕他人的时候有正面意义，甚至能够激发出自己内心深处潜在的力量。但是当过于羡慕一个人或者一件事的时候，人往往会变得麻木，甚至走向完全相反的极端。他们会把对别人的羡慕变成妒忌和愤恨，或者把对别人的羡慕彻底地埋藏在心里，依然稳稳地过属于自己的日子。这两种极端都不易于改变事实，因而要想让自己不羡慕别人，最好的办法就是立足本职工作，做好自己该做的事情。如果你对当下的工作不满意，也可以果断地选择辞职，给自己一个崭新的开始。总而言之，原地踏步的羡慕毫无意义，只有真正地动起来，切实有效地改变自己的人生，才能让自己人生也别有洞天。

第5章

一个人就是一支队伍,做自己人生的英雄

对于成功,每个人都有自己的理解。有人以金钱作为衡量人生成功的标准;有人以官位和权势作为人生追逐的目标;有人看重感情,珍惜与亲人朋友之间的情谊……当实现自己的人生梦想之后,他们就觉得自己是成功的。实际上,真正的成功并没有固定的标准,毕竟每个人对于成功的理解和追求都不相同。但是对于每一个生命个体而言,成功有一个最基本的特征不容忽视,那就是成为自己想成为的人,活出独属于自己的精彩人生。

> 内在疗愈
> 为什么努力了没回报

成全自己，是爱自己的表现

在人生之中，每个人都有自己的规划和计划，然而，所谓计划不如变化快，大多数人都无法完全实现自己的计划，而只能根据生活随时随地的变化，及时调整计划，从而才能让人生趋向圆满。面对生活中突如其来的变故，大多数人都会采取拖延的态度，总是等到不能再拖延的时候才真正展开行动。实际上，如果人生一直陷于等待，那么恰到好处的时刻永远不会到来。每个人要想拥有充实而又有意义的人生，就必须学会成全自己，这样才能让生命更加圆满。记住，再美好的空想，如果不付诸行动，也是毫无意义的。这个世界上根本没有从天而降的成功，每个人要想在人生中有所收获，就必须依靠双手努力去创造和改变生活。也许在最初的时候，你做得并不能让自己满意，但是随着时间的流逝，你会从生疏到熟练，从不会到学会，这才是真正的成长和进步。

成全自己的过程，实际上是不断超越和战胜自己的过程。要想成全自己，前提是要有成熟的心态。所谓成熟的心态，特点就是积极乐观，心态稳定，理智平静。很多人在面对人生中

第5章
一个人就是一支队伍，做自己人生的英雄

的诸多变化时，总是陷入焦躁不安之中，甚至因为人生遭遇失败就一蹶不振。不得不说，这样的人是没有机会成全自己的，因为他们在事情还没有真正得到解决之前，就已经先放弃了，就像一个泄了气的气球一样，如何还能飞到天上去呢？所以人们常说，"树活一张皮，人争一口气"。的确，哪怕对于现代人而言，也需要精神上的支撑，活出自己的气势，才能主宰命运。

很多人会把人生的希望寄托在他人身上，殊不知，每个人都是自己的希望所在，也是自己的上帝。一个人要想成全自己，就只能依靠自己，毕竟每个人都是自己人生的主宰者，也是自己人生的承受者。不管人生中发生好的事情，还是发生坏的事情，我们都要靠自己努力解决问题，走出艰难坎坷的境遇。

作为一个袖珍女孩，玛丽的身高不足七十公分。在与朋友们一起玩耍时，她总是受到各种无情的嘲讽，甚至是残酷的捉弄。有个朋友曾经扬言要用两个手指头捏扁她，还有个朋友故意把玩具放到最高处，使她无法拿到。这让玛丽不愿意再和朋友们相处，也让她稚嫩的心灵受到了深深的伤害。她为此不知道哭了多少次，也常常向妈妈求助，妈妈总是以最好的方式帮她重拾信心和勇气。

这一天，玛丽又哭着回到家里，向妈妈诉说她遭受的不公

内在疗愈
为什么努力了没回报

正待遇。妈妈从水果盘中拿出两个大小不同的苹果,然后将它们切开给玛丽品尝味道。玛丽先吃了大苹果,她觉得味道好极了,随后她又吃了一口小苹果,她觉得小苹果更甜。妈妈趁此机会告诉玛丽:"就算是同一棵苹果树上结出来的苹果,也不会都是同样大小的,它们有的大有的小,但是它们的味道并不与大小成正比。有的时候,也许小苹果反而比大苹果更甜,用心的人会发现小苹果的优势。所以不要盲目地以大小作为标准评价苹果,因为上帝会偏爱那些小苹果,让它们在漫长的生长过程中积蓄更多的糖分。"

妈妈的话让玛丽恍然大悟。她问妈妈:"我是不是就是那一个小苹果呢?"妈妈微笑着点点头说:"你就是上帝偏爱的小苹果。虽然你的身高没有其他小朋友高,但是你依然可以获得快乐,这并不影响你享受人生。"从此之后,玛丽彻底走出自卑的阴影。在妈妈的帮助下,她学会了很多技能。她不但和正常的小朋友一样去上学,而且学习成绩非常优异,兴趣爱好也很广泛,因而赢得了很多人的喜爱。

玛丽的人生并没有因为身高受到影响,她和所有正常的孩子一样快乐健康,甚至有的时候,她比那些正常的孩子更加快乐。然而,在20岁那一年,玛丽不幸遭遇了车祸。她浑身严重骨折,在整整半年的时间里,她不得不全身缠满绷带躺在病床上。即便如此,她也依然保持乐观的心态,坚信自己是被上帝偏爱的小苹果。因为卧病在床的日子实在是太无聊了,所以玛丽学会了在电脑上写作。她每天都坚持更新自己的主页,结果吸引了大量的粉丝,这些粉丝还纷纷寄出礼物送给玛丽,让玛丽感到人生充满了幸福和快乐。

后来,玛丽出版了自己的书。在书中,她讲述了自己作为一个侏儒症患者在生命中的独特感悟及看待这个世界的与众不同的视角。这本书一经问世,就得到了读者朋友们的追捧,玛丽也因此成为著名的畅销书作家。有人问玛丽为何能够在不理想的身体条件下依然努力向上地生活,玛丽告诉他们:"我是上帝偏爱的小苹果,所以我一定会有更加甜蜜美好的人生味道。"

尽管玛丽身材矮小,但是她有一颗勇敢坚强的心。我们每个人都应该向玛丽学习,哪怕遭遇人生的困厄,也应该始终满怀希望。唯有如此,我们才能主宰人生,也才能掌控命运,并且拥有强大的内心。记住,这是使人生圆满的唯一方法。

每一个做自己的人都是盖世英雄

一个人如果不能活成自己喜欢的样子,而是盲目地模仿他人,哪怕获得成功,也并不是真正意义上的成功。这是因为他们迷失了自己的本心，也失去了自己最基本的人生面貌，而只能以虚伪的假面对待这个世界。实际上，对于任何人而言，最大的成功就是做最真实的自己。试想如果一个人连面对自己都做不到，又如何能够面对这个世界呢？

大自然中，万事万物都要经历既定的生命周期才能不断地成长，最终屹立于天地之间。对于人类而言，同样如此。一个人如果不经历坎坷挫折，是不可能顺利成长的。正如人们常说的，"宝剑锋从磨砺出，梅花香自苦寒来"。人生也是如此，不经历风雨就不可能见到彩虹。毋庸置疑，现代社会生存的压力越来越大，职场上的竞争也日益激烈，这使人们的生存也越发艰难。常言道，人生不如意事十之八九。大多数人在人生中都会经历各种磨难和坎坷。有的人遭遇人生的逆境时，始终能够坦然面对，从容接受，最终以积极的心态，让自己走出困境。然而有的人面对逆境的时候，却总是痛苦不堪，怨声载道，最终他们在抱怨之中心情越来越抑郁，负面情绪逐渐积累，也彻底对人生失去信心和希望。实际上，正如人们常说的：心若改变，世界也随之改变。很多时候，生活并不会发生巨大的变化，而随着心态的改变，我们对待生活的态度也会随之改变。

每一个在大城市生活的人都有深刻的感触，觉得自己的每一天都像是在打仗，尤其是在早晨，因为时间紧迫，只为了

第 5 章
一个人就是一支队伍，做自己人生的英雄

在被窝里多躺一会儿，他们在起床洗漱之后就不得不以百米冲刺的速度冲向公交车站或者地铁站。大城市很多上班族的早餐都是在行走中吃完的，很少有人记得自己已经有多长时间没有坐在餐桌旁安心地享受早餐了。尤其是早高峰期间，打个车都非常困难。他们恨不得自己能长出飞毛腿或者生出翅膀，飞过拥堵的道路，按时到达公司。很多小城市的人生活安逸，可能很难理解大城市中人们苦苦挣扎才能立足和生存的痛苦。实际上，小城市生活也未必尽如人意，小城市也有小城市的苦恼。不得不说，不管是在小城市生活，还是在大城市打拼，都各有各的快乐，也各有各的烦恼。既然如此，面对自己的选择，我们还有什么值得抱怨的呢？

偏偏有很多人喜欢抱怨，他们甚至抱怨得理所当然，底气十足。每当被禁止抱怨的时候，他们总是理直气壮地说自己每天都生活得这么辛苦，难道连抱怨的权利都没有了吗？当然，每个人都有抱怨的权利，每个人可以选择自己对待人生的态度。然而，既然我们的目标是拥有幸福快乐的人生，又意识到抱怨不但对于解决问题没有任何好处，反而会使自己郁郁寡欢，又为何要抱怨呢？如果积极乐观也是一天，痛苦抱怨也是一天，我们当然要选择快乐地度过人生中的每一天。

要想远离抱怨，我们就应该把自己的眼光放得长远一些，不要只看眼前的不如意，而要想到努力奋斗之后的收获，这样

内在疗愈
为什么努力了没回报

才会渐渐地越来越乐观，从而以积极的心态面对人生和生活。不可否认，一个人只有做自己，才能成为自己的英雄。要知道，一个英雄是不会轻易抱怨的，我们也应该从现在开始修炼自己的内心。哪怕面对生活中再多的坎坷和挫折，我们也要从容面对，微笑着解决问题。

对于成功，每个人都有不同的理解。既然如此，我们当然没有必要盲目模仿他人的成功。就像每个人都有自己的脾气秉性，有自己独特的人生一样，每个人也有与众不同的成功。所以我们无须用眼睛盯着他人，而要更多地关注自己的内心，实现自己的人生理想。从根本上而言，一个快乐的人总是能够成为自己的英雄，而要想做一个快乐的人，则取决于个人的选择。一个人哪怕是身处快乐的环境中，也有可能郁郁寡欢，而一个人哪怕身处恶劣的环境中，只要拥有快乐的心，人生也会变得充满微笑。

结婚后没多久，塞尔玛跟随丈夫来到沙漠之中。原来，赛尔玛的丈夫是一名陆军军官，而在沙漠之中，有陆军的军事基地。来到沙漠没过多长时间，赛尔玛的丈夫就奉命深入沙漠腹地演习，要等到几个月之后才能回到基地。塞尔玛不得不独自一人留在军营中，在狭小的房间里，她觉得自己很无聊，似乎要窒息了。

沙漠中天气非常炎热，骄阳似火。正午时分，哪怕是在

第 5 章
一个人就是一支队伍，做自己人生的英雄

阴凉地里，气温也达到五十摄氏度。再加上军营里的生活枯燥乏味，赛尔玛觉得自己已经濒临崩溃的边缘。尤其是她根本听不懂当地人的语言，这使她如同一个聋子和哑巴一样，闭目塞听。赛尔玛的内心越来越焦虑不安，她再也不能忍受，当即写信告诉父亲自己想回家。很快，父亲就给赛尔玛回信了。这封信非常简短，只有一句话：监狱里的两个人同时从铁窗望出去，一个人看到了满天繁星，而另一个人只看了黑黢黢的泥土地。塞尔玛一遍又一遍地读着这句话，心中波澜起伏。她突然想明白一个道理，从此之后，她的人生彻底改变了。她非但不再觉得沙漠中的生活难以忍受，反而在沙漠中找到了满天繁星。

赛尔玛尝试着融入当地人的生活，她主动邀请当地人去自己军营的家中做客，并且与他们分享父母寄过来的美食。很快，她的朋友越来越多，随着对当地语言的学习，她也了解了当地的风俗习惯和民族特色。当地人对赛尔玛也很好，他们慷慨地把手工制作的纺织品和陶器等送给赛尔玛。最终，赛尔玛彻底爱上了热情如火的沙漠。她还经常去沙漠中观察各种动物和植物。在她眼中，沙漠满天繁星，一切都那么美丽。当结束沙漠生活，回到家乡之后，赛尔玛根据自己在沙漠中的见闻和感受，写出了一本书，得到了很多读者的认可和大力追捧。

如果赛尔玛对沙漠生活始终怀着想要逃离的心态，那么不

内在疗愈
为什么努力了没回报

管沙漠多么美,她都看不见,也不管在沙漠中经历什么,她都会觉得无聊乏味,郁郁寡欢。直到父亲的一封信,才打开了她的心门,让她意识到原来也可以换一种快乐的心境来对待沙漠中的生活。在心境改变之后,她俨然成为曾经不堪忍受的生活的女王,她与当地人相处融洽,甚至写出了自己人生中的第一本书,成为一个受到读者欢迎的作家。不得不说,沙漠赋予了她很多,让她对人生有了新的感悟,也让她在人生中有了巨大的收获。

朋友们,不要再抱怨生活的枯燥乏味,也不要再抱怨工作整日忙碌。当你的心充满了烦恼和无奈,你看到的一切都是暗淡的;当你的心充满了快乐和满足,你看到的一切都瞬间被染上了明艳的色彩。就像人们对待工作一样,在这个世界上,没有那么多人能够幸运地从事自己喜欢的工作,那么不如让自己发自内心地爱上正在从事的工作吧,这无疑是快乐工作的好办法。同样的道理,既然人生不可能事事如意,那么我们就要以乐观的心态看待人生,这样我们的人生视角才会变得截然不同,我们的人生也才会因此而变得充实而有意义。

沙砾到珍珠的蜕变,注定艰辛

不管是在生活中,还是在职场上,各种各样的竞争都越来越激烈。几十年前，人们曾经挂在嘴边的所谓金饭碗、铁饭碗，如今都已经不复存在了，可以说大多数现代人抱着的都是瓷饭碗，虽然表面看起来光鲜亮丽，但是随时都有可能被打破，哪怕有很高的学历和能力。如果不能做到与时俱进，就可能会面临严峻的就业形势。因此，我们应该努力让自己成为一颗璀璨夺目的珍珠，这样我们才能拥有实力，也让自己变得炙手可热。

生活中，常常有人抱怨连天，他们觉得命运没有给予他们好的机会，所以才导致他们如今的窘境。实际上。命运对于每个人都是公平的，每个人都会获得各种各样的机会，而之所以人们在后天的发展中命运迥异，是因为每个人后天的努力是完全不同的。是变成沙子还是成为珍珠，这其实取决于每个人后天的努力程度，以及对人生的定位。既然如此，我们就不要再抱怨命运，而应该为自己设立明确的人生目标，从而不断地向着目标努力和奋进。人人都知道成为珍珠的好处，但是却未必人人都知道如何才能成为珍珠，以及成为珍珠需要付出怎样的努力。当然，每个人的成功道路是截然不同的，这一切都需要我们根据自身的情况不断地调整心态，坚持努力才能做到。

有一个年轻人从名牌大学毕业后始终找不到心仪的工作，他为此郁郁寡欢，对整个世界都充满怨气。他觉得自己怀才不遇，是因为社会上有太多的不公平现象。心灰意冷之际，他来

内在疗愈
为什么努力了没回报

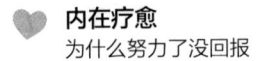

到海边，想要结束生命，以此发泄内心的愤恨。

正当年轻人在海边徘徊的时候，有一个老人经过他的身边。看到年轻人痛苦不堪的样子，老人意识到年轻人也许会一时想不开，因而主动与年轻人搭讪，想要开解年轻人心中的死结。在老人的询问下，年轻人果然说出了自己内心的抑郁，他告诉老人："我十几年寒窗苦读，好不容易才从名牌大学毕业，然而我并没有得到这个社会的欢迎，我觉得自己的人生毫无价值，我不知道自己活着还有什么意义。"

听了年轻人自我放弃的话，老人弯下腰，从沙滩上捡起一粒沙子。他让年轻人认真仔细地观察这粒沙子，年轻人按照老人的话去做了。然后，老人随手把沙子扔到沙滩上，并且要求年轻人把刚才的那粒沙子捡起来，年轻人当即大喊大叫："这怎么可能呢？地上这么多沙子，看起来都一模一样，我根本无法分辨哪一粒沙子才是刚才的那一粒沙子啊！"

老人没有多说什么，而是从口袋里掏出了一颗富有光泽的珍珠。在把珍珠拿给年轻人看完之后，老人又随手把珍珠扔到沙滩上，然后他要求年轻人把珍珠捡起来。年轻人轻而易举就捡起了珍珠。这时，老人语重心长地对年轻人说："我让你捡起沙子，你根本无从分辨哪一粒沙子才是刚才扔掉的那粒沙子，但是我让你捡起珍珠，你却一眼就看到了珍珠，而且几乎毫不费力就把珍珠捡了起来。这是因为珍珠与沙子完全不同。

第5章
一个人就是一支队伍，做自己人生的英雄

所以你想要得到别人的赏识，就要让自己成为一颗珍珠，而不要让自己作为一粒沙子淹没在沙堆中。"听了老人的话，年轻人恍然大悟，也意识到自己的问题所在。回到生活中，他再也不抱怨命运的残酷。他努力充实和完善自己，让自己变得与众不同，最终把自己打磨成了一颗圆润的、富有光泽的珍珠，不管走到哪里，他都耀眼璀璨，与众不同。

人人都渴望成功，人人都希望到达人生的巅峰，人人都希望与众不同、特立独行，然而这并非是只要想一想就能做到的。一个人要想区别于沙子，就要让自己从沙子蜕变成珍珠，而不要让自己淹没在沙堆之中。一个人要想出类拔萃，鹤立鸡群，就要让自己成为高贵的仙鹤，而不要让自己和其他人一样普通而又平庸。所以最重要的是，我们要学会改变和提升自己，因为一味地抱怨对于人生的进步根本毫无作用，而唯有改变自己，我们才能让自己拥有独特的质地，区别于每一个平庸的存在。

对于每一个普通而又平凡的生命而言，在还没有成功之前，一定要戒骄戒躁，努力学习，让自己成为有价值的人。记住，与其花费宝贵的时间和生命用来抱怨，还不如不断学习，充实自己，让自己不断成长。现代职场上没有任何一份工作是闲差，每一个岗位上的人都有自己的职责。唯有完成自己的本职工作，我们才有机会让自己表现出更多的才华与能力。相

内在疗愈
为什么努力了没回报

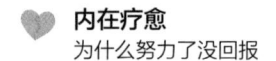

信自己吧,只要你坚持不懈地努力,只要你认准自己的人生目标,那么早晚有一天你会变得璀璨夺目,与众不同。

你该走的路,谁也不能代替

在这个世界上,没有任何一朵绚烂绽放的花能够始终保持绽放的姿态,没有任何一个苹果能够让自己每一寸肌肤都呈现出红艳艳的色彩,没有任何一个人的人生能够永远顺心如意,一帆风顺。所以,要想成为人生的主宰,我们就要学会接受各种命运的安排,不管是面对风雨泥泞还是面对坎坷挫折,我们都应该充满勇气,斗志昂扬,这样才能走好属于自己的人生之路。

很多时候,灾难总是在不经意间到来,例如一个原本每天朝九晚五按部就班工作的人,突然间面临失业的困境;原本幸福快乐的婚姻,也有可能因为突然的变故导致幸福和谐的生活结束;每天陪伴在我们身边的亲人,也会因为各种各样的原因远离我们;经营良好的企业甚至会因为一个小小的失误,瞬间破产,使得亿万富翁沦落为一个乞丐。总而言之,人生总是充满各种各样的厄运,痛苦也总是接二连三地到来,面对这样的窘境,我们到底是鼓起勇气继续走下去,还是选择逃避和畏缩

第5章
一个人就是一支队伍，做自己人生的英雄

呢？无论选择什么都是每个人的权利，然而不得不告诉大家的是，人生是不可能彻底逃避的，一个人只要活着，就必须面对生活中的困境。

对于一个习惯了岁月静好的人而言，当生活突然起了惊涛骇浪，他的心中一定会充满惊恐和不安，甚至会忍不住恶狠狠地咒骂自己所面对的一切。然而，他却不知道在采取消极的态度对待一切事情时，他已经注定了失败。一个真正的强者，哪怕面对人生的困局，既然能够经得起成功，也能够经得起失败。面对人生的牌局，哪怕手中握着一把糟糕的牌，他们也不会选择放弃，而是绞尽脑汁让自己在这场博弈中获得胜利，或者尽量争取更好的结果。

曾经有心理学家针对那些遭遇重创的人进行过心理追踪，他们把在车祸中遭遇重创导致身体残疾的人作为研究对象。这些人中有些人失去了健全的肢体，有些人不得不在轮椅上度过下半生。心理学家原本以为他们对待人生一定是万般绝望，但是他们中大多数人都觉得这种致命的打击只是人生中的一个转折点而已。有一个研究对象是一个非常年轻的小伙子，他骑摩托车的时候发生了车祸，导致高位截瘫。当然，在灾难最初发生的时候，他也曾痛不欲生，甚至想要结束自己的生命。然而，在沉静下来之后，他意识到正是这样的改变，使他可以静下心来学习，重新选择自己的人生模式。他说："我必须拥

内在疗愈
为什么努力了没回报

有坚强的意志力,才能重新面对生活。然而,在拥有坚强的意志力之后,我发现人生并不是只有一种方式可以度过,所以我对生活重新燃起了热情。"从前他只是一名普通的工人,没有什么文化知识,也从未思考过人生的目标,但是在事情发生之后,他虽然被禁锢在轮椅上无法自由地行动,但他的人生从某种意义上却变得更加丰富了。他开始努力学习外语。最终,他成为一家公司的顾问。除此之外,他还进行力所能及的运动,让自己成为一名射箭高手。如今,他不会再盲目地生活。他的生活目标明确,那就是学习和工作。不得不说,这个年轻人熬过了人生中最艰难的阶段,迎来了人生的转折。是逆境让他静下心来反思自己,也让他能够集中所有的精神和意志力对待人生。

对于很多人而言,生活总是太过变幻莫测,掌控命运是很难做到的。但是在遭遇人生的致命打击之后,人生的经验变得丰富,人的内心也变得更加强大。灾难过后再审视人生,人们会有截然不同的感受,也会发现很多灾难并不像未曾发生时那样让人无法接受。这就是人内心的强大,正因为如此,才有人说每个人都比自己想象中更加坚强。当然,对于每一个健全健康的人而言,最好不要等到灾难发生之后才反省人生,而要在自己健全健康的时候就开始对人生进行反思,这样才能更好地实现自己的人生梦想,让自己的人生阅历变得更加丰富。

第5章
一个人就是一支队伍，做自己人生的英雄

很多喜欢看功夫片的人都对成龙、李连杰等功夫巨星印象深刻，尤其是李连杰，这么多年塑造了很多经典的银幕形象，也博得了很多粉丝的喜爱。然而，很多人都不知道李连杰从小家境贫困，他在成长的过程中吃了很多的苦头。

李连杰两岁就失去了父亲，不得不依靠母亲一个人勉强支撑整个家庭。为此，当其他孩子都背起书包高高兴兴去上学的时候，李连杰却不得不进入武术学校，开始学习武术。穷人的孩子早当家，小小年纪的他就开始为家里分担和打算。为了减轻妈妈的负担，他每天都跑步去上学。然而，很快他的鞋子就磨坏了。又为了节省鞋子，他把鞋子脱下来，光着脚跑步去上学。众所周知，学习武术是非常艰苦的，但是李连杰却不断地激励自己，即使打落了牙齿也是往肚子里咽。正是因为拥有坚强的决心，他才能够在武术方面获得巨大的进步。

李连杰的努力付出得到了回报，在全国武术比赛中，他获得了冠军。从此之后，他连续五年蝉联武术比赛冠军。后来，因为在电影《少林寺》中的出色表演，他一炮而红，从此走上了自己人生的巅峰。

一个穷得连学都上不起的孩子，如何才能成就人生的辉煌呢？李连杰的成功经历告诉我们，人生并不怕吃苦，只要坚定不移地走好自己的人生道路，就能够在人生中有所收获，直至获得成功。再看看今日的李连杰，大多数人都羡慕他运气好，

内在疗愈
为什么努力了没回报

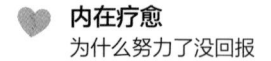

能成为国际巨星,然而却很少有人知道他在背后付出的一切辛苦和努力。所以朋友们,不要再羡慕这些成功人士,更不要被他们成功的光环所迷惑。正所谓吃得苦中苦,方为人上人,没有任何人能够在不吃苦的情况下轻而易举地获得成功。接下来该怎么做,聪明的你一定知道!

内心强大,主宰自己的人生

人人都喜欢璀璨夺目的珍珠,也希望自己的人生如同珍珠一样光芒四射。如果给你一个选择,让你决定自己是作为沙子还是成为珍珠,相信你一定会毫不犹豫地选择后者。的确,沙子很普通,随处可见,而且并没有太高的价值,而珍珠却与沙子截然不同,珍珠圆润光滑,散发着光泽,且价值昂贵,所以我们完全有理由相信每一个人都愿意成为珍珠。但是现实生活中真正能够成为珍珠的沙子却少之又少。这是因为要想从一粒沙子变成珍珠,必须要经历漫长的过程,也要经历很多的磨难。

每一粒沙子在变成珍珠之前,都要在珠母的分泌物中忍受漫长的无边无际的黑暗。在珠母的分泌物中,沙子不断受到侵蚀,却要始终坚强隐忍,忍受痛苦和孤独。越是价值昂贵的

第 5 章
一个人就是一支队伍，做自己人生的英雄

珍珠，越是要经历更长时间的孕育。对于人而言，同样如此，一个人从平凡普通到璀璨夺目，也必然要经历无数的挫折和磨难，也要拥有顽强的毅力和坚定不移的决心。所以朋友们，不要再羡慕珍珠的璀璨夺目，也不要羡慕成功人士身上的光环。唯有做好准备迎接一切磨难，你们才能真正迈出从沙子到珍珠的第一步。

很久以前，有一粒沙子在沙滩上生活。他每天都能享受阳光的照射和海水温柔的抚摸，但是他也要承受被无数的游人不断践踏的痛苦。他经常感到心有不甘，他觉得自己的人生应该有别样的面貌，而不是永远只能作为一粒普通的沙子。

一天，一对年轻的情侣坐在沙子身边交谈。漂亮的女孩戴着璀璨夺目的珍珠项链，男孩突然问女孩："你知道珍珠是如何孕育出来的吗？"女孩摇摇头，说："不知道。"男孩告诉女孩："珍珠就是由我们现在踩着的沙子孕育出来的。如果一粒沙子能够进入河蚌的身体里，那么在河蚌的分泌物的包裹下，经历漫长的时间之后，这粒沙子就会变成璀璨夺目的珍珠。"那粒心有不甘的沙子恰巧听到了这段对话，他似乎看到了人生的希望，变得兴奋不已。他当即决定：只要有机会，就一定要进入河蚌的身体，这样才可能变成一粒绚丽夺目的珍珠。

得知这粒沙子的梦想之后，其他沙粒纷纷劝说他不要这

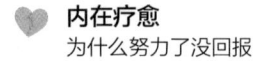

么疯狂。沙粒们对这粒沙子说:"进入河蚌的身体之后,你再也见不到阳光,无法被雨水滋润,你甚至看不到皎洁的月亮,也呼吸不到新鲜的空气。而且,这可不是一个短暂的过程,至少要经历几年的时间,你难道不觉得这就像是自杀一样的疯狂行为吗?"那粒沙子从未改变自己的想法,终于有一天,他被一个游泳的人带入了海底,遇到了河蚌。趁着河蚌张开嘴的机会,他顺着水流进入了河蚌的身体。若干年过去了,河蚌打开身体,沙子惊讶地发现自己已经从一粒普通的白沙变成了一颗价值连城、晶莹剔透的珍珠。当年,那些曾经笑话他太疯狂的沙子,有的依然安静地躺在沙滩上,在游人的踩踏下生活,有的却已经化为尘土,消失得无影无踪了。

知道沙子变成珍珠的漫长过程,你还想从沙子变成珍珠吗?如果想要做到这一点,你就要让自己的心灵变得强大,要对自己高标准、严要求,不断地超越和挑战自己,从而才能在痛苦和磨难之中让自己华丽蜕变,凤凰涅槃。

每个人对于人生都会有不同的理解,也会做出不同的选择,在这样的情况下,我们不能说哪种选择一定是对的,哪种选择一定是错的。当一个人对于自己的选择无怨无悔,那么他的选择就是正确的,也是无愧于自己的。一个人唯有拥有强大的内心,才能掌控自己的人生。

第 5 章
一个人就是一支队伍，做自己人生的英雄

人生要按照自己的想法来经营

伟大的意大利诗人但丁曾经说过，"走自己的路，让别人说去吧"。很多人对这句话都偏爱有加，因而把这句话作为人生的座右铭，时刻铭记在心。然而，尽管记住这句话很容易，但是真正要想按照自己的意志生活，在现实的社会中却并不是那么顺利就能实现的。这主要是因为很多人总是过于在意他人的看法和评价，而忽略了自己内心真实的声音。最终，他们把自己作为人生主宰者的权利拱手相让，使得自己的人生在他人的议论纷纷中风雨飘摇。不得不说，这是人生中非常糟糕的状态。对于每一个人而言，唯有更加积极努力地面对人生，才能按照自己的意愿生活。

一个人如果能够做到坚定不移地相信自己，坚持自己的想法，那么哪怕他不能获得世俗眼中的成功，也是自己真正的英雄。毋庸置疑，在如今这个世俗的社会上，在各种嘈杂的声音中，坚持自己是非常困难的，唯有真正的强者才能做到这一点。

若干年前，作为语文老师，露西曾经给学生们出了一道作文题，名为《我的梦想》。当其他同学都在苦思冥想的时候，有一个叫阿尔法的同学飞快地在作文本上写下了自己的梦想。他说自己的梦想是拥有一个大庄园，而且要让这个庄园成为旅

内在疗愈
为什么努力了没回报

游胜地，向前来参观的客人开放。他把自己的庄园命名为"快乐的时光"，希望每个人来到庄园里都能找到人生的幸福与快乐。在看完阿尔法的作文之后，露西对阿尔法的作文给出了很低的评价。露西认为阿尔法的梦想是根本不可能实现的，因而喝令阿尔法重新写一篇符合要求的作文。露西告诉阿尔法，梦想不是空想，只有能实现的梦想才能被称为梦想。她还让阿尔法尊重事实，不要异想天开。

阿尔法坚持认为自己的梦想有可能实现，所以他不愿意妥协，哪怕露西威胁他如果不改变梦想，就要给他的作文不及格的评价。他坚信自己终有一天会实现梦想，也能够让家人和来自世界各地的游客都在他的庄园里享受快乐的时光。露西只能继续启发阿尔法，让他向杰米学习，梦想着能够像爸爸那样成为体育老师，或者向凯特学习，成为和妈妈一样的服装设计师。但是阿尔法坚决不改变自己的梦想，他说："我的爸爸不是体育老师，我的妈妈也不是服装设计师，他们都是非常普通的农民，但是我很爱他们。这并不意味着我要像他们一样度过相同的一生，我坚信我的人生会和他们不同，我也相信只要我坚持努力，终有一日一定能实现自己的梦想。"露西感受到阿尔法的固执，在阿尔法的作文本上写了一个不及格。

几十年的时间过去了，曾经年轻的露西已经年过半百。头发花白的她在退休的最后一年，带着自己的最后一届学生四

第5章
一个人就是一支队伍，做自己人生的英雄

处游玩。他们来到一个著名的度假庄园，庄园里不但有精致的木屋、绿草如茵的草坪，还有非常美味可口的烤肉。看着这个庄园，露西不由得怦然心动，她似乎想起了什么。正在这时，一位中年男士走到露西面前，对露西鞠躬说："老师，您好！"露西看着中年男子熟悉的面容，一时之间陷入了回忆之中，她突然想起了阿尔法，也想起了他们曾经为梦想所起的争执。

露西激动地冲着阿尔法喊了起来："你的梦想！阿尔法！"阿尔法热情地把露西拥抱在怀中，他说："老师，我是梦想不及格的阿尔法，但是我的梦想是完全有可能实现的。看吧，您来到了我的梦想之中，我终于兑现了对您的诺言，我希望您真正地感到快乐。"

在这个事例中，露西作为老师显然犯了目光短浅的错误。她希望孩子能够描述一个脚踏实地的梦想固然没错，但是她不应该冲动地给了阿尔法的梦想不及格的分数。当年，年幼的阿尔法一定因为老师的否定感到伤心，幸运的是，阿尔法的内心足够强大，所以他并没有因为老师的强势而改变自己。相反，他始终向着自己的梦想前进，最终把梦想变成了现实。任何时候，都别让他人偷走你的梦想，哪怕他人对于你的梦想不屑一顾，你也要坚定不移地实现自己的梦想。就算在实现梦想的过程中遭遇再多的坎坷和挫折，受到再多的阻力和磨难，你也要

内在疗愈
为什么努力了没回报

相信自己的梦想有朝一日终能变成现实。唯有如此，你才能不断向着梦想前进，也才能让梦想照亮人生。如果梦想总是以他人的意志为转移，人们就变成了他人的傀儡，失去了对人生的主宰和控制。毫无疑问，这对人而言是莫大的失败。唯有在人生之中寻找自己的方向，坚持自己的方向，我们才能从容面对人生。

你还记得自己年少时的梦想吗？不要对自己的梦想不以为然，哪怕那是你五岁时的梦想，你也有可能实现它。同样的道理，当你现在面对年幼的孩子，也不要对孩子的梦想感到不以为然，因为这很有可能成为孩子一生之中最伟大的梦想，也成为孩子人生未来的真实可触的生活。我们不但要尊重自己，也要尊重孩子。总而言之，作为人，我们要尊重他人和自己的梦想，也要相信每个人的梦想有朝一日都有可能变成现实。

第 6 章

不必恐惧，孤独是人生的常态

虽然人是群居动物，每个人都是社会的一员，都要与他人之间形成各种复杂的关系。但是实际上，人的本质是孤独的。每个人都孤独地来到这个世界，再孤独地离开，因而享受孤独，恰恰是人生最重要的能力之一。一个人如果无法忍受孤独，就会在热闹和喧嚣中迷失自己。相反，一个人唯有学会面对孤独，才能更加贴近自己的心灵。与自己的内心交流，也能让自己获得成长，走向成熟。

内在疗愈
为什么努力了没回报

真正能陪你到最后的，只有你自己

很多时候，我们希望自己的身边有更多的人，发生更多美好的事情。这是因为我们的内心深处害怕寂寞，害怕自己必须独自面对人生的坎坷波折，而实际上不管我们身边有多少人，也不管我们曾经经历了多少事，我们最终只能独自面对眼前的一切。任何情况下，自身的力量才是最强大的，是任何外界力量都无法比拟的。尤其是在行走人生之路时，我们常常会遭到各种非议和质疑，而一个真正勇敢的人不但能够坦然面对质疑的声音，而且能够继续坚定不移地走好自己的人生之路。我们要把人生的沉稳都隐藏在内心深处，就算人生路上要执着独行，也绝不懊悔或者轻易改变自己。归根结底，我们必须拥有底气和勇气，哪怕没有人陪伴，也要一路向前，坚强不屈。

每个人都要学会享受孤独，在漫长的人生道路上，真正能够陪伴我们的只有自己。父母总有一天会老去，虽然在父母的照顾下，我们从幼小的婴儿成长为健壮的成年人，但是父母不可能陪伴我们一生。爱人也只是出现在我们生命的半途，是我们生命中最长久的陪伴，而不是最永恒的陪伴。朋友的友谊，

第6章
不必恐惧，孤独是人生的常态

虽然是每个人人生中必不可少的，但是朋友也只是生命中的过客。归根结底，在人生漫长的旅途中，每个人都注定要成为独行侠，成为自己唯一的陪伴。

现代社会，很多人的内心越来越浮躁，他们哪怕做出一个小小的决定或者面对生活中发生的微不足道的事情，也要马上通过微信的朋友圈公之于众。他们的内心也许是空虚的，对于一个真正内心强大而又充实自信的人而言，生命只属于他们自己，他们会安然享受自己的那份快乐和喜悦，而不需要通过他人的阿谀奉承或者虚情假意来实现人生的价值。

很多年轻人对于生命的理解更是幼稚，他们在遇到值得分享的事情时，不但会分享到朋友圈，甚至还会在微博和QQ空间再发一遍。如果有可能，他们真的愿意开一场新闻发布会，从而让自己的私生活被全世界的人知道。当然，这样的做法无可指责，毕竟热闹地一路同行也许是他们最期望的人生状态。然而，这么做很有可能给自己招来不必要的麻烦，因为每个人都是生命的主角，也许他们在发布这些消息的时候只是想得到他人的祝福和认可，而根本不想让他人指手画脚，但是事实偏偏是每个人对人生都有不同的理解和感悟，每个人对于他人的生活也有截然不同的态度。例如，有人在看到他人的最新动态时顶多一笑置之，内心默默祝福，而有人却会多事地指手画脚，发表自己"独到"的见解，最终闹得不欢而散。

内在疗愈
为什么努力了没回报

尽管如此，很多人在独行的过程中还是会受到很多干扰和外来阻力。例如一个孩子，做出人生第一次独立的选择，那么父母一定会打着爱的旗号，以爱的名义，给予他各种各样的建议，甚至有的时候父母还会意见不统一，从而使孩子变成了可怜的"夹心饼干"，根本不知道应该听谁的，更不知道怎样才能继续自己的初心。对于梦想，人们常常说需要独行者才能完成。当然，也只有真正实现梦想的人，才知道自己一路走来遭受了多少折磨。然而这一切都是值得的，在寂寞孤独的过程中，我们才能更好地与自己的内心对话，让自己充满力量和勇气，这正是每一个实现梦想的人必须具备的条件。

朋友们，要记住，在这个世界上，你是自己唯一永远的陪伴，也是真正对自己的人生负责的人。不管别人说什么，我们只要坚持做好自己，不管别人表示反对或者是抗拒，我们依然要坚持初心，不忘初心。

记住，当你成功的时候，别人也许会与你分享，但是当你失败的时候，你却只能独自默默流泪，在摔倒的地方站起来继续往前走。否则，没有人会代替你走完剩下的人生之路。既然如此，我们还有何必要把自己的梦想和决定完全公之于世？人生不管过得好还是坏，都是对我们自己负责，我们当然要从容面对自己，也成就更好的自己。

第6章
不必恐惧，孤独是人生的常态

学会独自面对孤独，意味着你成长了

从古至今，大凡能够成就伟业的人都是能够忍受孤独的人。唐朝时期，著名大诗人李白就说自己是一个孤独者，正因为如此，他才被誉为"诗仙"，也才能为后人留下无数优秀的诗篇。当然诗仙并不经常有，作为普通人，大多数人也要忍受孤独，才能在孤独中不断地成长，成为自己所期望的样子。

虽然人是群居动物，但是人并不可能永远都在与他人的密切相处和互动中生存。一个人既需要热闹和喧嚣，也需要享受孤独，才能更加贴近自己的内心，也才能不断地成长和成熟起来。从本质上而言，孤独不但可以让我们认识自己，也可以让我们有所成长。很多时候，我们因为生活得太过热闹，总是无暇顾及自己的内心。然而，当我们真正审视自己的内心时，就会发现有很多地方都是被我们所遗忘和忽略的。所以，真正的孤独能够帮助我们放下心中的仇恨和烦恼，让我们在与他人的距离中更加关注自己的内心，从而调整好自身的姿态，以更好的方式行走人生之路。

在繁华的世界上，人们总是充斥着各种各样的欲望，而在孤独的生活中，人们的欲望开始降低，也变得更加简单。一个人的生活总是过于清静，或许是在阳光美好的午后，躺在绿茵茵的草地上，或许是在仰望星空的夜晚，守着一盏温暖的

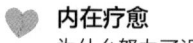

内在疗愈
为什么努力了没回报

台灯，再有一本书、一杯茶，人生就已经足够了。在远离生活的喧嚣之后，这样的孤独生活，让我们更加贴近生命的本源，我们会更全心全意地审视自己的内心，也会对很多人生中的困惑豁然开朗。也许，每个人只有在孤独的状态下，才能品味到生命最根本的味道。很多事情在人多且繁杂的情况下并不能完成，诸如发明家要想发明一件新事物，就必须忍受孤独，在实验室里进行漫长的实验，在经历一次又一次的失败之后不断地重新开始。一位作家如果想写出优秀的作品，就要远离这个世界的喧嚣，更要放下自己的功利之心，从而让自己的心灵回归最原始的状态。他们唯有在孤独的状态下，才能够与身边的环境进行交流，最终让自己对生命的一切感悟都以文字的形式从心底流淌出来。所以对于很多人而言，孤独都是必不可少的生命感悟，唯有孤独，才能让生命变得更加厚重。

细心的朋友们会发现，当人们遭遇挫折和打击的时候，总是喜欢一个人安静地待着。这是因为唯有一个人时，他们才能更加接近自己内心真实的状态，才有机会在安静的环境中整理思绪，重新规划生活。一个人独处的时候，并不像人们想象的那么无聊和乏味。一个人独行，可以随便坐上一辆公交车到终点，欣赏沿途的风景；可以去图书馆中泡上一整天，在书籍给予心灵的慰藉中疗伤；还可以在川流不息的街道上不停地行走，从而让自己的内心回归平静。总而言之，现代人生活都太

第6章
不必恐惧，孤独是人生的常态

过于沉重，唯有学会在安静的时刻中清空自己，在孤独的宁静中寻找自己，才能真正地享受孤独，回归人生的本质。

孤独是一种能力，更是一种非常可贵的品质。唯有能够享受孤独的人，才能理解和领悟生命的真谛。古往今来，无数的哲学家对人生和世界展开探索，是因为他们积极地迎接孤独的到来，也能够从工作中汲取生命的力量。当然所谓的孤独并不是离群索居，也不是让我们对他人采取排斥和抗拒的态度，而是要求我们学会在喧嚣之中寻找宁静，从而寻找心灵的栖息地。甚至有人说孤独能够成就人生，这是因为一个人唯有安静地对待自己，才能体悟生命的真谛，所以说享受孤独，其实就是品味人生。既然如此，我们为何还要拒绝孤独呢？虽然现代社会人际关系被提升到前所未有的高度，人人都重视与人相处的能力，而实际上，每个人最应该做到的就是与自己相处。唯有学会与自己相处，我们才能深入自己的内心，充实自己的心灵，感受最真实而自然的自己，明白人生真正的意义。

很多人都喜欢导演李安拍摄的作品，实际上李安在导演界崭露头角之前，曾经度过了六年孤独的时光。在这六年的时间里，他每天留在家中，成为了一个全职丈夫。毫无疑问，李安在这六年中始终在享受孤独的滋味，与此同时，他也从孤独中得到了成长和进步。他没有白白浪费这六年的时间，而是坚持学习，不断积累，从而让自己持续进步。最终，他在合适的时

♥ **内在疗愈**
为什么努力了没回报

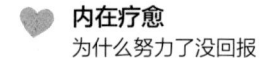

机厚积薄发，成为让人瞩目的导演。假如在孤独之中，李安不能调整好自己的心态，甚至自暴自弃，那么他也就不会有如今这么多优秀的作品问世。所以说，我们作为普通人也应该学会面对孤独。当我们在孤独中与自己的灵魂进行沟通时，我们会更加明确新的方向，也能够让自己不断地成长和进步。

当车到站时，哪怕不舍也要告别

所谓成长，就是一路向前，告别曾经经历的那些人和事，而进入到人生崭新的阶段。虽然一生一世的友谊让人感到非常珍贵，也值得珍惜，但是在这个世界上这样的缘分却并非人人都可以拥有。诸如很多人对于婚姻的理解，觉得是男人和女人搭伙过日子，其实这是粗浅的理解。如果对婚姻理解得更加深刻，我们就会发现相爱的人要想执子之手，与子偕老，除了彼此包容和相互理解之外，还要共同进步。如果其中一方进步了，而另外一方却始终保持原地踏步，那么另外一方就会被远远地甩下，也就无法在婚姻中跟上进步一方的脚步，这可能就会让婚姻的裂口越撕越大，最终彻底决裂。虽然这样的说法未免有些偏激，甚至有人会以文化层次相差悬殊的老夫妻也可以幸福相守一生的事例作为反驳，但是不得不承认这样的说法很

第6章
不必恐惧，孤独是人生的常态

有道理。毕竟对于两个携手同行的人而言，胳膊的长度是有限的，哪怕我们努力撑开胳膊去拉住另一个人的手，也只能保持在胳膊的长度。当彼此之间的距离超过牵手的最大限度，当然这双牵着的手就会慢慢地放开，直到渐行渐远。

有人说，成长的脚步就是一路告别与舍弃。这句话尽管听起来让人感到冷漠和决绝，但是却告诉了我们成长的真谛。实际上，人们常说，生活如同逆水行舟，不进则退，也是同样的道理。生活的溪流总是不断地向前奔腾，如果我们停止划桨留在原地，那么就会发现自己随着溪流倒退，曾经的努力也会付诸东流。在这种情况下，我们只有保持努力向前的姿态，才能让自己不断进步，也让自己能够与同行的人齐头并进。

大学毕业后，小玲没有服从分配回家乡工作，而是独自背起行囊去了遥远的大城市打拼。几年的时间下来，她吃了很多苦，也遭遇了生活的诸多磨难，但是好歹在大城市站稳了脚跟。从最初的地下室与人合租一张床，到自己单独住一间地下室，如今小玲已经租起了一套单元房，还把父母从农村接到了城市。不得不说，她的生活越来越好，虽然还没有在城市彻底安家落户，但是已经是一步一个脚印地稳步向前了。

回家的时候，小玲和久未见面的闺蜜婷婷团聚了。原本小玲以为久别重逢，自己与婷婷之间一定有说不完的话，但是在和婷婷交流的过程中，小玲却觉得越来越兴致索然。对于婷婷

内在疗愈
为什么努力了没回报

说的很多家长里短的事情，小玲都觉得不感兴趣，而对于小玲讲述的大城市的精彩生活，婷婷更是完全听不懂。最终，这场闺蜜之间的聚会以兴致索然结束，小玲不禁感到内心怅然。她想不清楚曾经和自己无话不说的好朋友、好闺蜜，为何如今与自己如此生疏、距离遥远呢？

在这个事例中，生活巨大的力量显然已经把小玲和婷婷之间拉开了难以逾越的距离，使她们再想像以前一样。这并非是小玲在大城市开了眼界，瞧不起婷婷，也不是婷婷在家乡待惯了，思维变得僵硬，而是因为她们所选择的人生道路在两个不同的方向，这使得她们渐行渐远，因此彼此之间的距离越来越大。这样的距离不仅出现在朋友之间，也会出现在夫妻之间。很多夫妻贫穷的时候能够相互扶持、相依相守，但是在生活条件好转之后，一方在家里操持家务，而另一方在外面打拼，见多识广，最终就会渐行渐远。

对于人生的陪伴者而言，要想陪伴得更长久，要想彼此志同道合、志趣相投，一定要携手并肩、齐头并进，而不要任由另一方不断地奔波向前，而自己却始终停留在原地，甚至不停地倒退。这样一来，一定会导致彼此之间的关系彻底疏离。很多关系亲密的好朋友，虽然因为距离遥远不能经常见面，但也会时常通过现代通讯技术来保持联络。然而曾经共同生活的一切并不能让他们拥有永恒的话题，归根结底，人还是需要共同

第6章
不必恐惧，孤独是人生的常态

成长与进步，拥有共同参与的新经历，才能在交谈的时候不至于觉得生疏和乏味。

人与人之间相处的时候，彼此都会对对方抱有一定的期望，他们希望对方能够完全理解自己的喜怒哀乐，也能够对自己给予积极的回应。然而，现实却是残酷的，不在一起生活或者没有生活在相同层次的人，很难永远拥有共同语言。那些回忆在不断地沟通和交谈之中，也渐渐变得干涸，无法支撑起丰富的谈话。不得不说，这就是人与人之间相处的尴尬。

很多人都曾经有过一起穿着开裆裤长大的好朋友，也许在长大之后，他们就会与这些好朋友不断疏远。就像鲁迅与闰土一样，他们曾经有过幸福快乐的童年，最终却不能改变鲁迅与闰土截然不同的人生。有些好朋友从穿着开裆裤的友谊，到长大成人之后依然能够彼此倾心，是因为他们有着相似的成长经历和人生背景。所以，每个人要想拥有一生的友谊，都要付出更多，也要更加用心地维护情谊。当然，每个人都不可能违背生活的规律，即使长大之后，我们发现自己再也没有知己，这也无可指责。在成长的过程中，我们总会遇到不一样的人，经历不一样的事。在不知不觉中，我们发生了改变，成了与之前完全不同的自己。与此同时，我们曾经的朋友也在不断地成长和改变，所以昔日的友谊是否能够继续保持下去，真的要看彼此之间是否有当一生好朋友的缘分。

内在疗愈
为什么努力了没回报

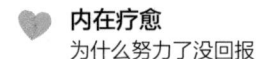

在成长的过程中,我们总是得到很多,也会失去很多,这就是成长的代价。在感受到朋友的渐行渐远之后,我们无需觉得内心怅然若失,所有的成长都是一路的舍弃。唯有沿着人生的道路不断向着成功奔跑,我们才能到达人生的巅峰。当然在崭新的人生阶段,我们还会拥有新的朋友,而把曾经的友谊深深地埋藏在心底,就像一坛老酒,让它不断地发酵,成为人生中最美好的回忆。

人生,就是一场漫长的修行之旅

对于时光,很多人都觉得热闹喧嚣的时刻不经意间就会过去,而独自相处的日子里,每一分每一秒都过得很艰难。实际上,最难熬的并不是孤独的时刻,因为很多人都享受过孤独,也从孤独中获得成长,而是人生中的坎坷挫折到来的时候。因为在与命运作斗争的过程中,我们难免会觉得心力交瘁,觉得体力不支,即将崩溃。在这种情况下,唯有不断潜心修炼,我们的人生才能不断向前。记住,人生永远不会是一路欢歌的,更多的是风雨泥泞和荆棘坎坷。唯有怀着一颗坚强的心面对人生,我们才能从容度过人生的每一个时刻。

在地中海东岸,有一种蒲公英生活在漫无边际的沙漠中。

第6章
不必恐惧，孤独是人生的常态

这种蒲公英具有极强的抗旱能力。众所周知，沙漠中总是干旱少雨，如果在一生的时间里都没有遇到雨水的滋润，这种蒲公英就一生都不开花。但是一旦有雨滴落下，它们马上就会抓住这个千载难逢的好机会，努力地开花，传播生命的种子。蒲公英如此神奇的行为，让人们从中学到了很多。尤其是当地的居民，他们非常喜欢这种坚韧、顽强的蒲公英，还常常采摘它们作为礼物送给尊贵的客人，或者在拜访他人的时候带给对方。他们觉得自己就像这蒲公英一样生活在人生的沙漠中，虽然遇到雨水的机会很少，但是却一定要在机会到来的时候，勇敢地抓住机会，从而彻底地改变自己的命运。虽然我们并非生活在沙漠中，但是在面对人生的干涸时也要学习蒲公英的精神，从而让自己尽情地绽放。

在今天的日本，提起"经营之神"松下幸之助，几乎每一位商界人士都如雷贯耳。其实，松下幸之助小时候的生活很贫苦，为了生计，他不得不早早辍学，四处打工。有一天，松下幸之助来到一家大名鼎鼎的电器公司，想要得到一个最脏最累的工作，哪怕工资低也没关系。人事部主管看到他身材矮小，其貌不扬，而且衣衫褴褛，因而随口敷衍他："我们现在是满员状态，也许一个月之后会招聘吧。"其实，人事部主管只是信口开河，想把松下幸之助赶走而已。不想，一个月之后，松下幸之助又来到电器公司。

内在疗愈
为什么努力了没回报

　　这次，主管当然不能再以同样的理由搪塞松下幸之助，因而他只好直截了当对松下幸之助说："我们只招聘销售人员，但是你的形象实在太差了，不符合我们公司的要求。"当天下午回到家里，松下幸之助就四处找亲戚朋友借钱，终于为自己买了一身崭新的西装。次日，他穿着西装再去电器公司找主管应聘。看到松下幸之助如此执着，主管非常为难，说："我们招聘销售人员是负责推销电器的，但是你根本不懂电器知识，如何能够胜任这份工作呢？"离开电器公司，松下幸之助为自己报名参加了一个电器知识培训班。两个月后，他西装革履地再次出现在主管面前，而且经过了主管对他电器知识的考核，主管被他折服了，说："我从事人员招聘工作这么多年，第一次看到你这么执着和满怀诚意的求职者。"毫无疑问，松下幸之助几经周折，终于进入了这家电器公司。从此以后，松下幸之助成功掀开了人生的新篇章，最终开创了自己的电器公司，成为日本企业界的"经营之神"。

　　毫无疑问，松下幸之助就像沙漠里的蒲公英一样。虽然人事主管只给了他一个小小的希望，但是他却不断地让这个希望生根发芽，他的努力最终让这个希望开花结果，也让他的人生步入了新的发展阶段。假如松下幸之助在被拒绝之后就彻底放弃这个机会，从而转行做其他的工作，那么也许日本企业界就少了一个"经营之神"。

第6章
不必恐惧,孤独是人生的常态

命运对于每个人都是公平的。在人生之中,每个人都会遇到各种各样的机会,然而有人能够大获成功,而有人却始终默默无闻,这是因为前者能够抓住机会努力拼搏,彻底改变自己的命运,而后者始终没有做好准备,即使机会来到他们的面前,他们也只能眼睁睁地看着机会悄然溜走。不得不说,机会只属于有准备的人。所以在人生之中,与其抱怨,不如让自己做好万全的准备,这样才能抓住千载难逢的好机会,改变自己的人生。人们常说的厚积薄发,正是做准备的过程。每一个人都要在日常生活中不断累积,锲而不舍地努力,坚忍耐心地等待,最终才能在最恰到好处的时刻一鸣惊人,让自己的人生绽放精彩。

孤独,是人生的常态

人生的道路总是充满坎坷和挫折,时而还会遭遇风雨泥泞,每个人都希望自己处于困境之中时能得到他人的帮助,殊不知,人生不可能永远在他人的帮助下度过。归根结底,我们要习惯独行在颠沛流离的人生道路上,这样才能坦然面对人生的一切境遇,而不总是奢求得到他人的帮助。

现代社会有很多人心理浮躁,他们面临着更多的选择,也

内在疗愈
为什么努力了没回报

面临着更多的诱惑。在繁华的泡沫中，成功从来不会主动浮现出来；在灯红酒绿的醉生梦死之中，成功也绝不会贸然光顾。每一个人唯有静下心来，耐心地去做自己该做的事情，才能远离喧嚣，找准自己的位置，真正实现人生的价值。如果一个人头昏脑涨，根本不知道自己的人生奔向何方，那么他就不可能做到真正的内心平静，也不可能做到坦然面对人生的一切坎坷。可想而知，他的人生最终的结局就是无所作为，彻底与成功绝缘。所以说我们必须习惯自己一个人，尽管孤独是难以忍受的，但是孤独却会为我们提供与心灵对话的机会。正如人们常说的，"每个人最熟悉的人就是自己，每个人最陌生的人也是自己，每个人最大的敌人还是自己"。既然如此，我们唯有真正了解自己，深入剖析自己，成功掌控自己，才能彻底征服这个世界。

喜欢昆虫的人都知道法国大名鼎鼎的昆虫学家法布尔。法布尔是法国著名的昆虫学家，在世界昆虫学界都享有盛誉。实际上，很少有人知道法布尔是如何成为昆虫学家的。法布尔的家乡在普罗旺斯，他出身于农民家庭，生活一贫如洗。因为无法养活众多的子女，所以父母不得不把法布尔寄养在祖父母家中。正是在祖父母家中，法布尔度过了浪漫的童年时光。每天，他都自由自在、无拘无束地在山野间玩耍，肆意奔跑。在山野里待的时间久了，法布尔对那些奇奇怪怪的昆虫产生了浓

第6章
不必恐惧，孤独是人生的常态

厚的兴趣，他想要探寻关于昆虫的秘密。

然而，法布尔没有机会接受系统的学习，因而他只能利用生活之便对昆虫进行深入研究。正如人们常说的，"兴趣是最好的老师"。在经过深入研究后，法布尔对昆虫越来越了解，也写了很多关于昆虫的论文。这些论文发表后，在昆虫学界引起轰动，因为法布尔通过切实的研究提出了很多新颖的观点，其中很多观点还是与前人观点相悖的。法布尔的真知灼见让很多昆虫学界的专业人士也开始关注到他，并且给予他很高的评价。受到这么大的激励和鼓舞之后，法布尔更加坚定了研究昆虫的决心。后来，他在一所中学教书，只能拿到微薄的薪水，甚至只能勉强养家糊口。然而即便如此，他依然节衣缩食，努力从薪水中节省更多的钱出来，为自己购买相关的设备，从而更加深入研究昆虫。在经历了漫长的努力之后，法布尔的研究终于有了收获，也让他在昆虫学界赢得了荣誉。从此之后，法布尔更加痴迷于对昆虫的研究。在此后整整十年的时间里，他完成了《昆虫记》的创作。为了更专心致志地进行科学研究，法布尔还建造了一座昆虫乐园——他用一生的积蓄购买了一处农庄。在这个昆虫乐园里，法布尔完成了《昆虫记》的后九卷，从此之后成为举世闻名的昆虫学家。

生活中，很多人常常感到身心俱疲，这是因为生活的压力越来越大。尤其是在职场上，竞争更加激烈，使人无法喘

内在疗愈
为什么努力了没回报

息,但还不得不竭尽全力拼命奔跑。生活始终处于变化和发展之中,我们不能随波逐流,而要始终坚持初心,不忘自己最初的梦想,这样才能更多地从生活中感受到幸福和快乐。任何时候,我们都应该做到脚踏实地。

  遗憾的是,很多人在生活的奔忙中忘记了自己最初的梦想,他们因此而陷入生活的困窘和人生的迷惘,这对于每个人而言都是最糟糕的。记住,每个人只能独自一人行走在颠沛流离的人生之路上,也许亲人和朋友会陪伴我们一段路程,但是归根结底,我们还是要一个人前行。有些朋友会觉得困惑,难道人生不应该是在亲人朋友的陪伴下度过吗?生命如此波折多难,如果一个人勉力支撑,那该是多么的辛苦啊!其实,一个人独自面对只是一种心态,指的是我们应该勇敢地承担起对于生命的责任和义务,而不要总是奢望得到外界的帮助。孤单不是指我们身边空无一人,而是指我们哪怕置身于人群之中,也依然能够坚持内心,也依然能够超越生命的一切苦难和磨难,坚强乐观地面对生命。

第 7 章

别人的光芒，是用汗水和泪水换来的

这个世界上，没有任何人的成功是一蹴而就的。每个人在成功背后，都付出了无数的辛苦和努力。所以在羡慕他人的成功时，我们也要看到他人的默默付出，更要看到他人的坚持和努力。否则，一味地羡慕他人的成功，而误以为成功是从天而降的，只会误导我们自己，让我们误以为成功轻而易举。记住，在别人的光芒背后，是他们不为人知的辛苦和坚持。

> 内在疗愈
> 为什么努力了没回报

美好的未来，需要从改变自己开始

对于生命，每个人都充满了憧憬。春天百花争艳，夏天骄阳似火，秋天硕果累累，冬天银装素裹，每一个季节的色彩都是如此地鲜明，也带给我们对生命的无数感动和对生命无穷的探索。很多人都渴望生命，也希望在人生之中能有与众不同的收获。也有人会抱怨生命，感到命运对自己不公，从未青睐过自己。其实命运是否青睐你，那是命运的自由，而命运对你绝对不会刻薄。很多人无法改变命运就怨声载道，为何不能转换思维：既然不能改变命运，那就改变自己。这才是最明智的选择和对待生命最有效的方式。

现代社会发展日新月异，在这种快速发展的生活中，我们一定要先求得生存，再求得发展。这就像曲线救国的策略，毕竟对于每个人而言生存都是最基础的。尤其是当生活节奏越来越快，工作压力越来越大时，人们的抱怨也就会越来越多。很多人与爱人不能好好相处，抱怨爱人脾气不好；还有的人与同事针锋相对，抱怨同事自私自利。殊不知，我们总是抱怨他人，同时也恰恰暴露了自己的短处，那就是我们从来不懂得反

第7章
别人的光芒，是用汗水和泪水换来的

省自己，不懂得感悟这个世界的美好。对于每一段人生而言，麻木的心都是致命的创伤。

世界很大，也非常奇妙，我们唯有用脚步去丈量，才能获得自身对于世界的深刻感悟。当你不再一味地抱怨，你就会感受到生命中的美好。其实每个人的人生都会遇到大大小小的事情，也会有各种各样的烦恼，甚至还会遭遇形形色色的灾难和意外。在这种情况下，一味地抱怨根本于事无补，与其花费宝贵的时间去抱怨，还不如抓住时机努力解决问题。很多时候，消极的情绪会让我们的内心变得更加崩溃，对于获得美好的人生是没有任何好处的。

很久以前，有一个地方非常贫穷，那里的人们从来不穿鞋，而是习惯光着脚板走路。有一次，国王外出时不小心踩到了尖锐的石头上。他的脚板被石头刺伤了，鲜血直流。国王感到很懊恼，回到王宫之后，他灵机一动，当即下令要求官员们用牛皮铺满所有的道路。这样一来，整个国家的人在走路的时候就不会再被尖锐的石头刺破脚板了。

官员接到国王的命令感到很为难：全国的道路那么多，哪怕把所有的牛杀光，也不可能用牛皮把道路铺满。思来想去，官员想到了一个好办法，他马上向国王汇报："尊敬的国王，我们没有那么多的牛皮去把道路铺平。您觉得，如果我们用牛皮把脚底板包住，是不是也能起到同样的效果呢？"国王当即

内在疗愈
为什么努力了没回报

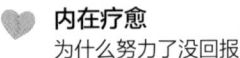

拍案叫好。的确,他们根本没有那么多的牛皮,也没有那么多的人力和物力去铺路。而如果每个人都用两块牛皮把脚包住,不但节约了牛皮,而且无论走到哪里,脚板都不会再被尖锐的石头刺伤了。渐渐地,包裹脚板的牛皮不断进化,最终成为皮鞋的雏形。

正因如此,这个地方的人现在都习惯了穿皮鞋,再也不会光着脚板四处行走了。

换一个角度看待问题,曾经困扰我们的难题就会迎刃而解。就像我们总是想要改变世界,但是世界却从来不按照我们的心意去改变一样。与其改变世界,我们还不如改变自己的内心,与其用抱怨对待世界,我们还不如怀着美好的心态看待这个世界。这样一来,我们也就能够更好地适应世界,从而让自己与世界和谐共生。

就像一个人想把山移到自己的面前,但山实在太高太大,根本移动不了分毫,为何不迈开自己的双腿,走到山的面前呢?很多时候,固定僵化的思维会给我们的生活带来无尽的阻碍,在这种情况下,我们应该让自己的思维变得更灵活。到底是改变环境,还是因为环境而改变自己,这其实就是我们的一种想法,但是这种想法会决定我们的人生。

第7章
别人的光芒，是用汗水和泪水换来的

生活再难，也要笑一笑

  对于生活，每个人都有自己的憧憬和渴望，有人觉得和相爱的人相依相守就是最大的幸福，有人觉得波澜起伏的人生才算得上是壮丽，也有人对生活最大的渴望就是在安静的下午品一杯茗茶，读一本好书，因为这样安然恬适的生活才是他们对于人生最大的追求。幸福就是如此简单，也是如此复杂，在每个人的心中，对于幸福都有不同的刻画。有人觉得幸福是轰轰烈烈，有人觉得幸福是岁月静好。这不但与每个人的人生目标密切相关，也与每个人的脾气秉性有一定的联系。

  如今，人们对生活的要求复杂多变，有人希望生活极尽奢华，有人希望生活极尽简单。实际上，每个人不管拥有多少财富，对于生活的需求都是非常简单的。一个人哪怕住着豪华的大别墅，最终睡觉的时候也只睡半张床的地方；一个人就算拥有特别多的美食，吃饭的时候也只能吃把胃部填满的食物。所以人是否真正幸福，实际上和他拥有多少物质没有太直接的关系。现代社会很多人会觉得心力交瘁，甚至对人生失去希望，这并不是因为他们拥有的太少，而是因为他们渴望得到的太多。对于物质过度的追求往往使人忽视对精神的追求，因而要想在精神上实现自由，就要降低对物质的要求，否则在人生之中，当我们内心的负面情绪堆积越来越多，导致郁郁寡欢，我

内在疗愈
为什么努力了没回报

们也就与幸福彻底绝缘了。

现实生活中，之所以很多人都觉得不满足，实际上是因为无形中把自己的痛苦和焦虑放大了。曾有心理学家调查发现，很多人焦虑的事情并不会真正发生。退一步讲，就算那些焦虑真正变成现实，也未必会如他们预期的那样对生活造成恶劣的影响。再退一步讲，即使焦虑真的会发生，难道我们未雨绸缪到杞人忧天的程度，就能阻止它们发生了吗？并不能。既然哭着也是一天，笑着也是一天，我们为何不摒弃生活中的苦难，而怀着乐观的心态面对人生呢？

任何时候，我们都不要因为生活的艰难而放大内心的痛苦，否则我们原本有限的心灵空间就会被痛苦填满，再也没有地方容纳幸福。想明白这个道理，我们就不会因为外界的很多事情耿耿于怀，也会让自己的内心释然，让自己更加全心全意地享受幸福。

很久以前，有两个人结伴去京城参加科举考试。他们俩是同乡，因而一起从家乡出来。到了京城之后，为了节省盘缠，他们又在同一家旅店里合住一间房子。考试的前一天晚上，这家旅店发生了火灾，导致很多客人的行李被烧毁了。毫无疑问，这两个人也承受了巨大的损失，除了身上穿着的衣服以及随身带着的一些钱币外，他们的行李盘缠，甚至连考试用到的书籍都被烧成了灰烬。

第7章
别人的光芒，是用汗水和泪水换来的

面对这样的飞来横祸，两个人却有不同的反应。其中一个人说："这肯定是上天要考验我，给我重大的责任，所以才会在这样的关键时刻用一场火灾来磨炼我。"这么想来，他觉得信心倍增，坚信自己第二天一定能够金榜题名。在这样乐观的心态下，他把大火给自己带来的严重损失完全忘记了，而全心全意地投入考试。

另一个同乡的可就没有那么豁达了。他总是惦记着自己仅有的几身衣服被大火烧光了，而且书籍也烧光了，他非常担心：如果我这次考不上，等到来年考试的时候连复习的书籍也没有，还要到处借钱去买书呢！想到这里，他不由得很沮丧，认定是老天爷不想让他参加科举考试，所以才会一把大火把他备考的东西烧得精光。越是这么想着，他越是绝望：我可怎么回家呢？回家之后怎么面对家人呢？结果，他一直在郁郁寡欢地想着这些乱七八糟的事情，进了考场未免神思混乱，根本没有完整的思路。可想而知，他在考试中完全发挥失常，考得一塌糊涂，也彻底与功名无缘了。

事例中，这两个人是同乡，之所以有着截然不同的命运，是因为他们对同样的事情怀着不同的心态，前者的心态乐观积极，始终把事情往好的方面去想；而后者的心态消极悲观，甚至沮丧、绝望，在还没有参加考试的时候就预见了考试不利的后果，这样一来，他怎么能考出好成绩呢？

内在疗愈
为什么努力了没回报

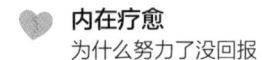

每个人在生活中都会遇到各种不如意的事情，例如人在大都市，每天早晨都忙得如同打仗一样，如果再遭遇堵车，心情必然郁郁寡欢，甚至导致一整天的工作都受到影响。如果换一个角度来看，大城市交通拥挤，堵车也是正常，哪怕偶尔因为迟到被罚款也是在所难免的，只要在工作中认真努力地表现，就能弥补微小的损失。可想而知，这两种心态下人们对待工作的态度必定截然不同，最终也会有不同的结果。

要想拥有快乐的人生，我们最先要做的就是缩小生命中的痛苦，放大生命中的快乐，这样我们才会得到更多的满足和幸福。早晨起床的时候，呼吸着清新的空气，我们应该对人生满怀感恩；上下班的时候，如果交通畅行，没有堵车，那么我们也应该感到庆幸；或者公司只是发了几百块钱的奖金，我们也可以拿着这些钱去请朋友好好地吃喝一顿，这样的快乐是任何金钱和物质都换不来的。记住，一个人并不是因为拥有更多的财富才会觉得幸福，而是因为他对待生活的方式积极乐观，因而才能得到幸福的青睐。

与其抱怨不公平，不如奋起改变世界

现实生活中，每个人都有自己的喜好，而且在生活的方方

第 7 章
别人的光芒，是用汗水和泪水换来的

面面，大多数人的喜好是不同的。例如众多明星中，有的人喜欢杨幂，有的人喜欢周迅，还有的人唯独喜欢苗圃。实际上，不管是喜欢一部电视剧还是喜欢一个人，都未必有明确而具体的理由，喜欢就是一种非常任性的情绪，也是一种内心的感受，更是一种对他人莫名其妙的认可。既然如此，我们又为何一定要弄清楚喜欢的原因呢。

一直以来，人们都"不患寡而患不均"，很多人之所以内心愤愤不平，就是因为觉得自己遭受到了不公平的待遇。那么对于那些得到别人喜欢和被别人厌恶的人，又如何去讨回一个公道呢？既然喜欢没有理由，那么公平也未必就是绝对合理的。实际上，这个世界上并没有真正的公平，就像人们现在常说人人平等一样，也只是人格上的平等，毕竟每个人出生的家庭环境不同，每个人的人生阅历和价值观不同。绝对的公平不可能存在，然而有些人偏偏抓住公平的小辫子不放，经常怨声载道，不是抱怨这件事不公平，就是抱怨那件事不合理，最终他们每天都生活在郁郁寡欢之中，内心极度不平衡，也导致自己失去了心绪上的平静。不得不说，每个人的确有权利追求公平，但是如果因为小小的不公平就让自己心绪不宁，那么这无疑是更大的损失。

毋庸置疑，这个世界上根本没有绝对的公平，既然如此，我们为何不放开自己的心，从容地面对生活呢。与其花费时间

内在疗愈
为什么努力了没回报

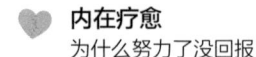

去纠结是否公平的问题，还不如努力提升和完善自己，让自己的人生更充实、更精彩。正如一句流行语所说，"你若盛开，清风自来"。就像一朵花，当我们努力地绽放，自然会吸引蜜蜂和蝴蝶前来。但是当我们满心怨愤变成一枝枯萎的花骨朵，还有谁愿意靠近来欣赏我们的芬芳呢？

有个年轻人大学毕业后费尽周折却没有找到合适的工作，为此他郁郁寡欢，跑到深山老林里向得道高僧请教。年轻人向高僧怨声载道："这个世界太不公平了。我十几年来寒窗苦读，好不容易才得到了高学历，但是在找工作的时候却受到歧视。因为没有关系，我无法进入心仪的公司。也因为没有关系，我常常被别人奚落和嘲笑。"听了年轻人的诉说，高僧不由得笑了。他问年轻人："你能把公平两个字写给我看一看吗？"年轻人不知道高僧用意何在，但还是拿起笔写下"公平"两个字。高僧看了"公平"两个字之后，对年轻人说道："你看，公平这两个字原本就是不公平的，因为"公"字只需要四个笔画，"平"字却需要五个笔画。既然如此，你又何必强求公平呢？"高僧一语惊醒梦中人，年轻人恍然大悟。他再也不想追求所谓的公平，只想用合理的办法，为自己找到一份合适的工作。

后来，年轻人凭借着自身的实力进入了一家很不错的企业。他在工作上有很好的表现，终于让自己的努力得到了应有

第7章
别人的光芒，是用汗水和泪水换来的

的回报。

不仅人类社会，自然界也处于一种微妙的平衡之中，有些生物处于食物链的顶端，而有些生物处于食物链的底端。这其实都是大自然的安排，并没有所谓的公平与否。在人类社会，同样也是如此。每一个物种对于大自然的微妙平衡都发挥着自己的作用，不管是食物链顶端的生物，还是作为万物灵长的人类，都只能寻求相对公平。

人应该对于公平有更深刻的理解，如果因为一味地追求公平而导致自己的内心愤愤不平，那么公平也就失去了意义。所谓的公平，其实是人们安抚自己的内心，让自己获得幸福快乐的理由。因此，当你满腹牢骚地说不公平时，你要考虑真正的公平是否存在，或者是你想要的公平能否给你带来幸福的感受。尤其是在对不公平的现象抱怨之前，我们更应该反思自己：到底是这个世界不公平，还是我们的心过于斤斤计较？就像佛家所说的得到和放下一样的道理，坦然地接受不公平，这也是至高无上的人生境界。毕竟在这个时代生活，每个人都会遇到不公平。如果总是因此而内心失衡，那么人生也就失去了出路。所以与其花费宝贵的时间和精力抱怨，不如更好地修炼自己的内心，让自己从容面对人生的不公平，这才是最大的成功。

内在疗愈
为什么努力了没回报

别自怨自艾，比你不幸的人有很多

世界上有很多人比我们更加不幸，因而我们必须告诉自己：我们不是最不幸的。既然如此，我们当然没有理由整日愁眉苦脸，觉得自己是这个世界上最倒霉悲催的人。唯有丢掉心中的包袱，我们才能以轻松的心态迎接生命中的每一天。

作为一个百万富翁，杰米前段时间突然破产了。从一个受人尊重和景仰的大富翁变成了一个一贫如洗的穷人，杰米感到自己的内心非常崩溃。他心灰意冷，万念俱灰，就这样毫无目的地在街头走来走去。想到自己不久之前还衣着光鲜亮丽地出入于高档的办公楼，如今却和一个乞丐没什么区别，唯一不同的是乞丐夜里睡在大马路上，而他夜里还能睡在自己温暖的床上。

杰米不知不觉来到一家高级会所的门口。以前，他曾经是这里的常客，如今看着门口的服务生以貌取人的嘴脸，他再也没有勇气走进去了。他心中充满了绝望，忍不住大声喊道："为什么要这样？为什么要这样？"然而，呼喊并不能改变什么，杰米朝着家的方向走去。夜已经很深了，他需要找一个地方休息，让疲惫的灵魂暂时安息。在回家的路上，杰米遇到了一个乞丐。这是一个真正的乞丐，而且没有双腿。他只能坐在一块安装了四个轮子的木板上，然后用两只胳膊支撑着走路。

第7章
别人的光芒，是用汗水和泪水换来的

看得出来，他每走一步都艰难无比，但是他始终没有放弃，就这样一步一步慢慢地往前挪过去。杰米感到内心非常震撼。他暗暗告诉自己："他是一个没有腿的人，却用自己的双手支撑人生。而我四肢健全，我只不过是失去了一点钱而已，我还有健全的四肢！"从此之后，杰米振作起来，他始终想着那个没有腿的乞丐，对生命充满感恩。

一个失去双腿的人，都还在坚强地活着，对于一个有脚的人而言，失去一些钱又算什么呢。当我们明白这个道理后，哪怕在生活中遭受再大的挫折和磨难，只要拥有健全的身体或者只要拥有生命，对于我们而言就意味着一切还有重新开始的可能。从这个角度来看，我们没有任何理由懈怠生命。

每个人在遭遇人生的不幸时都觉得自己是天底下最大的倒霉蛋，因而怨声载道，对自己的命运充满了不满。实际上，命运对每个人并不薄，不满足于命运的人只是因为从未看到自己得到的而已。如果仔细看看身边的人，我们就能发现有更多不幸的人。既然如此，我们当然会鼓起勇气面对人生。

当每一天到来，我们都能够从睡梦中醒来，勇敢地去迎接生命，这就是人生最大的幸运，至少我们还有亲人和朋友陪伴在身边，至少我们还拥有一份稳定的工作，至少我们还拥有温暖的床可供休憩，至少我们还能够自由自在地呼吸。而与此同时，世界上还有很多人在经历战争的痛苦，他们甚至食不果

腹、衣不蔽体。和他们相比，能够生活在和平年代就是最大的幸福。

由此可见，幸福是比出来的，心满意足也是比出来的。古人云，知足常乐，这为我们揭示了幸福的真谛。一个人如果总是心怀贪婪，那么他不管得到多少，都会觉得不满足。相反，一个人如果对生活的欲望降低，那么哪怕仅仅是自由地行动和呼吸，自由地奔跑和大笑，都会让他感到感恩和满足。

一旦心改变，整个世界也会改变

很多人在生活中总是郁郁寡欢，因为他们觉得命运对待自己不公平，命运总是青睐那些运气好的人。实际上，命运从来都是公平的，正如人们常说的，上帝为你关上一扇门，也必然会为你打开一扇窗。这告诉我们，每一个人在人生中都会经历各种各样的坎坷和不幸，而这种意外不管发生在人生的哪个阶段都是无法避免的。痛苦和快乐就像人生中的两个音符总是交替出现，从而让人生拥有与众不同的节奏和韵律。正因为如此，人生才显得与众不同，也才显得充实而又厚重。

抱怨人生的人总是悲观消极，他们时常因为生活中的一些艰难困苦和小小的不如意就心生怨愤，甚至为此而感到痛苦不

第7章
别人的光芒，是用汗水和泪水换来的

堪。实际上，人生之中有太多的磨难，痛苦恰恰是人生的调味剂，让人生之中除了酸甜之外，还有苦辣的滋味。也可以说正是因为有了苦的铺垫，所以甜蜜才显得那么可贵。既然如此，我们又何必要对苦难心生排斥呢？就像这个世界上原本无所谓美，正因为有了丑的存在，所以美才凸显出来。所以，我们也要允许人生有丰富的味道。

幸福和痛苦就像是正数和负数。如果一个人的心中容纳了太多的痛苦，那么就算有幸福也会马上被中和掉，甚至被归结于零。同样的道理，如果一个人的心中装满了幸福，那么小小的痛苦也不会使他失去幸福的滋味。有的时候，人生还需要学会遗忘，不要牢记痛苦，更不要每时每刻都生活在痛苦和折磨之中。要知道，任何人都无法改变世界，唯一能够改变的只有自己的心。当我们把心腾出更多的空间，才能容纳下更多的幸福。总有人生活在过去，或者因为未来而陷入无端的焦虑之中。简言之，人生只有三天，即昨天、今天和明天，只有今天才是我们真正能够抓在手里的，也才是真正能够让我们用以改变命运的。曾经有人说自由的一个重要形式就是遗忘，这句话非常有道理，因为一个人如果不懂得遗忘，就会永远将心禁锢在囚牢中。

洛洛是个不折不扣的小胖子，尤其是在腿部骨折以后，他更是暴涨了二十多斤。在恢复正常的行走之后，洛洛意识到自

内在疗愈
为什么努力了没回报

己应该进行体育锻炼,从而保持身体健康。然而,每次进行体育锻炼时,洛洛却非常抵触和排斥。他总是愁眉苦脸地去健身房,极不情愿地配合教练进行锻炼,再冲凉回家。哪怕回到家里,整个晚上,他都很不高兴。

看到洛洛的模样,妈妈心中也很难过。妈妈不知道洛洛到底怎么了。有一天,妈妈问洛洛:"你为什么这么难过呢?"洛洛说:"我每天都要去锻炼腿,还要进行健身运动,这简直是一种折磨。"妈妈这才知道问题所在,便对洛洛说:"那你可曾想过如果当初你的腿没有复原,如果你现在必须拄着拐杖一瘸一拐地走路,你还会因为能去健身房锻炼而痛苦吗?"洛洛仔细想了想说:"我一定会盼望着自己能够恢复健康,哪怕去健身房流汗健身,也比身体上的残疾更好。"妈妈笑着说:"你看,当你的心态改变,你对于健身的态度就会完全改变。你现在抵触健身,是因为你心中不高兴。如果你发自内心地想自己还有健全的身体,还能走跑跳活动自如,那么你就会感恩命运给你这样的机会。"洛洛认真想了想妈妈的话,觉得妈妈说的很有道理,后来他每次去健身的时候再也不愁眉苦脸。果然,他慢慢变得开朗起来,整个世界也就随之改变。

人生是漫长的,总是会发生很多让人不满意的事情,甚至会给人沉痛的打击。每个人在生命中都会体会到各种各样的滋味,而不是只有甘甜,更不是只有痛苦。在生活中,我们应该摆正自己的心态，让自己的心变得轻松，这样我们的人生才会充满幸福的色彩。否则作为一个脆弱的生命，我们如果总是与命运抗衡，那么只能导致自己身心俱疲。

不管在什么情况下，活着总是一种幸运。至少我们还能感知生命中各种各样的事情，也还能与自己所爱的人相见、相知、相拥。想到这一点，我们一定要懂得满足，要怀着一颗感恩的心面对身边的人和事，感恩生命中出现的一切。

张开怀抱，拥抱世界

拿破仑曾经说过，"一个士兵如果不想当将军，那么他一定不是个好士兵"。毫无疑问，这句话会在好士兵心中树立起当将军的梦想，然而他们之中真正能够当将军的却只是凤毛麟角。大多数士兵的命运是服从命令，在战场上厮杀，在服役结束后回归到正常的人生。其实，在中国古代社会也有一句话与这句话相似，叫宁做鸡头不做凤尾。这句话比拿破仑所说的那句话更加直白，也代表了一种人生态度。一个人是想成为精英中的精英还是想成为普通人中的佼佼者，这恰恰反映了他们对于人生的理解和渴望。也许有人觉得这句话很不正确，但是其实几千年来，大多数人都在秉行这样的原则对待生活。

内在疗愈
为什么努力了没回报

在很多人的潜意识中，他们不讲究事情的过程，而只讲究事情的结果。也就是说，大多数人是以成败论英雄的。有史以来，只有真正的成功者才能获得人们的认可和赞赏，而哪怕付出再多的努力，如果最终的结果不尽如人意，也难逃失败者的厄运。在很多比赛的领奖台上，第一名往往站在最高处接受人们的祝贺，而第二名和第三名虽然和第一名相差很小，但是得到的关注度却少了很多。

一直以来，人们都安慰失败者要从失败的打击中勇敢地站起来，继续努力。这句话的潜台词就是要让失败者从失败中吸取经验之后，再获得成功，否则对于失败者安慰的意义又在哪里呢？不得不说，人们实在太渴望获得成功了，且对成功的要求极高。正是这样的观点影响了很多父母对于孩子的教育，使他们急功近利，从来不把孩子的今天与昨天相比较，而只是一味地要求孩子成为班级里的第一或者年级里的第一，或者在每一种考试中都出类拔萃。实际上，每个孩子的潜质都是不一样的，他们所擅长的领域也各不相同，一个孩子不可能面面俱到，不可能在每个方面都做到绝对优秀。尤其是对于那些相对后进的孩子，把他们和那些优等生放在一起比较，对他们而言是很不公平的。从客观的角度而言，他们只要今天能比昨天更进步一些，就是莫大的成功，就应该得到父母的认可和赏识。偏偏很多父母总是对自己的孩子感到不满意，因为他们的眼睛

第7章
别人的光芒,是用汗水和泪水换来的

总是盯着第一名,而完全忽略了孩子为了进步所付出的努力。正是在这样的打击教育下,孩子最终完全失去信心,甚至还失去了努力的动力。

进步对于孩子而言如此艰难,对于成年人也是如此。成年人在竞争激烈的职场上,每个人都拼得头破血流,恨不得成为行业中的佼佼者。然而金字塔尖上只能站一个人,大多数人在金字塔的底部和中部。这种情况下,我们如何才能平复自己的内心,让生命取得平衡呢?实际上,勇敢地向着高峰攀登并没有什么不好,但是一味地、不顾实际地追求成功,必会使人陷入失败的深渊。

很多人都认为人生取决于自己的眼界和高度,而成功者一定要先有野心,然后坚持不懈,最终就能获得成功。这么说,当然也是有一定道理的。例如,一个人对于人生并没有明确的目标,而是整日浑浑噩噩,他显然不可能获得成功。但是反过来说,这句话未必能够成立,因为哪怕一个人把自己定位得特别高,也未必就能如愿以偿实现理想和心愿。甚至有些成功和努力并没有太大的关系,因为成功并非是一蹴而就的,而是很多因素相互影响、综合作用的结果。在这种情况下,除了天时、地利、人和之外,成功也有很多偶然的因素,所以我们固然可以追求成功,但是却不要奢望成功。换言之,我们应该对自己进行客观准确的定位,而不要盲目地高估自己。生活当然

内在疗愈
为什么努力了没回报

是很残酷的,但是我们却要保持内心的美好,哪怕与成功相距遥远,甚至经常与失败结缘,我们也依然应该对生活充满感激和期待。

小华以优异的成绩从师范大学毕业后,没有服从学校的安排回家乡当小学老师,而是背起行囊去了大城市,从此开始了浪迹天涯独自打拼的生活。大城市的生活,显然并非如小华想象的那么简单,很快小华所带的积蓄就花完了,但是他却还没有找到合适的工作。他不甘心就这样回到家里,因而降低了自己对工作的标准,最终成为大厦的保洁员。一个堂堂大学生却要当保洁员,如果被同学们知道,他一定会颜面全无。但是他很清楚,哪怕被嘲笑,他也要在大城市站稳脚跟。

然而,大城市生活不易,小华哪怕非常勤奋和努力,最终也没有如愿以偿地留在大城市。落魄地离开大城市时,小华的心中百感交集。思来想去,他决定回到家乡小县城。正好县城里有一所私立学校正在招聘老师,小华各方面的条件都非常符合,所以顺利竞聘进入了这所学校。出乎小华的预料,家乡的生活并没有他想象中的不堪。私立学校更加注重教师的实力和水平,对于小华而言,这样的学校氛围恰恰是最好的。他在学校中如鱼得水,因为曾经在大城市生活,思维敏感,视野开阔,因而在教学中也占有一定的优势。很快,小华就得到校长和老师们的认可。经过两三年的打拼,小华成为年级教导主任。虽然他没有成功留在大城市，但是在小县城的踏踏实实，也让他感受到了生活别样的幸福。

这个事例中，如果小华一味地要留在大城市，那么最终等待着他的也许是更加艰难的生活。幸好小华果断地选择了放弃，从而选择了一条更适合自己的道路。他回到了家乡小县城，尽管没有在大城市的好名声，但是他却回归更真实可触的生活。也因为他的努力和才华，他在学校中得到了领导的认可。不得不说，小华找到了人生的舞台，实现了自己的价值。

人人都想获得成功，人人都为了获得成功而不懈地努力，但是有一点是肯定的，那就是成功绝非是必然的。也许在千千万万个努力的人之中，只有几个人能够获得成功。所以，朋友们，不要盲目地相信自己也会像无数成功人士一样得到成功的青睐，其实当一个普通人也并没有什么不好。当我们享受点点滴滴、实实在在的幸福时，我们一定会感谢自己，感谢命运的安排，让我们拥有了全世界。

你不付出，哪来收获

每一个人都从青春年少走过，在不谙世事的年纪里过着纯粹的生活，享受着单纯的快乐，从来不去想更多的人生烦恼。

内在疗愈
为什么努力了没回报

然而，随着年龄的增长，人生之中的烦恼也接踵而至，曾经不以为然的那些事情，如今沉重地横亘在我们的心上。我们用肩膀挑起生活的重担，尤其是人到中年的时候，不但上有老，下有小，而且生存的压力陡然增加，因而会显得更加被动和艰难。要想使自己日后生活得更好，我们就要趁着年轻的时候远离安逸，更多地付出，这样才能得到最充实而精彩的人生。

面对生活的艰难，我们往往会觉得身心交瘁。实际上，力气是永远用不完的，当我们觉得太累了，不如好好地睡一觉，或者在阳光下休息片刻，感受阳光的温暖，也许马上就会变得元气满满。盲目地追求成功，似乎有一些太过急功近利了。人生之中，每个人对成功都有不同的定义，大多数人想要的成功就是得到自己梦寐以求的生活，或者是给家人更好的生活，或者是让自己事业有成，或者是让自己实现财务自由、身心自由。总而言之，我们如今点点滴滴的辛苦和付出，都是获得成功必不可少的积累。这么想来，你还会在辛苦付出的时候感到生命的绝望吗？也许你只会感受到生命的希望和律动。

很久以前，有两个泥瓦匠一起在工地上干活。记者问其中一个泥瓦匠："师傅，你在干什么呢？"泥瓦匠回答："我正在砌墙。"记者问另外一个泥瓦匠："师傅，你在干什么呢？"泥瓦匠笑着说："我正在建造这个城市。"

可想而知，这两个泥瓦匠对于工作的理解和对人生的希冀

第 7 章
别人的光芒，是用汗水和泪水换来的

是完全不一样的。正因为如此，若干年后，他们在人生中的状态也必将截然不同。

每一个人在人生之中都会遭遇很多的苦难和挫折，正是因为这些苦难，自己才能更加珍惜美好的生活，但是我们也不能时时生活在苦难之中，让自己倍感痛苦。在苦难到来的时候，我们要勇敢面对；在苦难过去的时候，我们也要学会遗忘。唯有如此，我们才能把苦难对人生的伤害减少，我们也才能更加透过苦难的现象领悟生命的本质。很多时候，对于自己拥有的东西，人们并不知道珍惜，而一旦真正失去，人们才追悔莫及。例如，大多数健康的人并不觉得健康有什么可贵，直到有一天生命因为疾病而奄奄一息时，他们才意识到，哪怕再多的金银财宝也无法换回健康的身体。还有的人在有很多朋友的时候并不觉得朋友是人生的陪伴，而等到自己孤身一人、孤苦无依的时候，才意识到朋友是最好的同行者。

王羲之从小出生在一个书法世家，因而他立志成为一名书法家。他刚刚开始写字的时候，他的老师卫夫人就认定他没有书法天赋，并不适合学习书法。那么王羲之后来是如何成为书法家的呢？这其实是因为他吃苦耐劳、坚韧不拔的精神。

从很小的时候，王羲之就开始坚持练字。他每天都在练字，甚至把家旁边一个池塘里的水都染成黑色的了。这也就是如今人们常说的"墨池"。正是因为相信勤能补拙，王羲之

内在疗愈
为什么努力了没回报

才最终从不适合练习书法的人,成为书法名家。他的《兰亭集序》更是被誉为"天下第一行书"。

和王羲之一样的,还有京剧大师梅兰芳。众所周知,梅兰芳是我国著名的京剧艺术大师,实际上梅兰芳小时候是个近视眼,所以眼神呆滞,被老师指责为不适合从事京剧表演。为了练习自己的眼力,梅兰芳专门养了一群鸽子。每天清晨,他都早早起床,把鸽子放飞,然后用眼神盯着鸽子。渐渐地,他的眼神越来越敏锐,也能够表达很多细微的感情。如果没有曾经的勤奋和执着,梅兰芳就不可能有日后的成就。

毋庸置疑,每个人的一生中都会有酸甜苦辣。有的人天生就拥有各方面得天独厚的条件,有的人则天生什么都没有。在这种情况下,我们不要因为自己起点低就放弃努力,而是要更加坚定,才能彻底改变自己的命运。记住,你每一天的辛苦,都让你距离成功更近一步。想到这里,你是不是觉得热血沸腾呢?

也许我们努力付出未必能够获得成功,但是当我们放弃努力,就一定会彻底与成功绝缘,距离成功越来越远。

第 8 章

年轻就是资本，失败了大不了从头再来

　　毋庸置疑，对于每个人的人生而言，年轻都是最强大的资本。一个年轻人可以犯错误，因为他还有时间来改正，但是对于青春不再的人，每做出任何一个决定或者做任何事情，都必须慎之又慎，因为人生已经没有多余的时间给他们去尝试。既然如此，作为年轻人，我们当然不能束手束脚，而要勇敢地放开自己，让自己活出最精彩的人生。

♥ 内在疗愈
为什么努力了没回报

不怕犯错，总好过停滞不前

　　人人都渴望成功而害怕犯错误，这是因为人们害怕失败，希望自己的一生能够完美无瑕。然而，这是根本不可能的，别说是漫长的人生了，就算是一个东西或者一个人也不可能真正做到十全十美。既然如此，我们又何必奢求人生绝无瑕疵呢？曾经有人说，人生就是不断犯错的过程。这只是表面现象，明智的人会从错误中吸取经验和教训，从而让人生得到提升和完善。这也恰恰是一个人不断进步、不断成长的过程，而并非单纯地犯错。

　　有些人因为犯错不断地进步，也有些人因为犯错而止步不前。他们在犯过一次错误之后就心生疑虑，宁愿不去做任何事情也不想再次遭受失败的打击，更不想承受错误的代价。然而这样的人生根本不存在，也不可能获得任何进步。例如，在职场上，一个人如果始终不犯错误，那只能说明他也没有做任何实质意义的事情。众所周知，现代职场上最需要的是富有创新精神的人。试想，一个想做出创新举动的人，怎么可能不犯错误呢？就像科学家发明新事物，一定要经历无数次的实验和尝

第8章
年轻就是资本，失败了大不了从头再来

试，才有可能让新生事物顺利问世。这种情况下，当然会有错误出现，而且错误次数越多，也就意味着他们距离成功越来越近。伟大的发明家爱迪生在发明灯丝的过程中，曾经无数次遭遇失败，仅仅是灯丝的材料，他就尝试了一千多种，实验的次数更是高达七千多次。在无数次犯错的过程中，就连助手都觉得心灰意冷，爱迪生却鼓励助手："每次犯错都至少告诉我们哪种材料不适合做灯丝，这样一来我们寻找灯丝的范围就会变小，成功率当然也会大大提高。"不得不说，爱迪生是一个非常坚强乐观的科学家。面对这么多次的失败，他从未气馁过，而是始终满怀信心和勇气，最终把整个世界都带来了光明。

因为经济不景气，有一家公司准备裁员。这次裁员的规模非常大，每个部门都要裁掉至少三分之一的员工。得到这个消息后，大家都很担心自己会被裁掉，毕竟经济萧条的情况下找工作非常困难。特别是那些在工作上曾经出现过错误的人，内心更加惶恐不安，因为他们觉得自己在工作上表现得不那么完美，所以很有可能因此而失去工作。而那些在工作中始终没有犯过任何错误的人则情不自禁地沾沾自喜，他们从未想过自己有可能被裁掉，因为他们认为像自己这么完美的员工正应该是企业所需要的。哪怕企业再怎么裁员，只要想生存下去，就一定会留住他们，让他们成为企业的中坚力量。

经过一个多月的测试和考核，裁员的名单终于公布了。但

内在疗愈
为什么努力了没回报

是裁员的真实情况却让大家大吃一惊。原来，公司要裁掉的并不是那些犯过错误的员工，而是那些浑浑噩噩度日的从未犯过任何错误的员工。这到底是为什么呢？作为裁员的负责人，陈主任说："一个人只要用心做事情，想要有所发展和成就，就一定会犯错误，因为创新的过程就是不断犯错的过程。企业现在正处于发展的危急时刻，需要这样有创造性的员工，他们有担当，也愿意为企业做出努力。相反那些浑浑噩噩的、从来没有犯过错误的员工，不一定是因为他们工作能力很强，因为人不是神仙，每个人都会犯错，而恰恰意味着他们对待工作三心二意，或者根本没有把心思用在工作上，只是当一天和尚撞一天钟而已。"陈主任的一番话惊醒了梦中人，那些犯过错的员工都长吁一口气，而那些浑浑噩噩的、没犯过错的员工不由得满面羞愧，因为陈主任恰恰说出了他们对待工作的真实状态。

一个人如果从来没有犯过错误，难道就意味着他的能力很强吗？所谓多做多错，少做少错，不做不错，这恰恰意味着他们不作为，总是懒政，所以才会避免出错。否则一个真正做实事、坚持做事情的人是不可能不犯任何错误的。常言道，常在河边走，哪有不湿鞋的。那么一个人的鞋子如果始终保持干燥，只能说明他们从未在河边走过。

这恰恰告诉我们在职场上理想的状态绝不是不求出错，因为一个不求出错的人对于自己的要求太低，对待工作的态度也很消极和被动。所以如今企业的用人标准也有了明显的不同，尤其是事例中陈主任的裁员标准更是让人耳目一新。留下犯错的员工，只要他们犯错后能够总结经验让自己有所进步，让企业有所创新，那么他们恰恰能够成为企业的中坚力量，而辞掉那些不求出错的员工，因为他们做人、做事的底线太低，他们甚至不求自己在工作中有何成就，而只求明哲保身。这样的员工很难与企业同生存、共发展，对于企业的创新也没有任何的推动作用，自然对企业也就失去了存在的意义。

如果说在计划经济时代不犯错的人还能有容身之地，那么在市场经济下不犯错的人很难找到自己的容身之所。这是因为所有人都会犯错，错误是人进步的阶梯，一个人如果永远不犯错，那么他就只能原地踏步，根本不可能有任何进步。任何时候，都不要把不出错和优秀这两个概念混淆起来，尽管它们从表面看起来很相似，但实际上却有着天壤之别。一个优秀的人绝不是不犯错的人，而一个只以不犯错为做人、做事原则的人很难变得优秀和出类拔萃。

哭过笑过，生活还要继续

有些时候，人生的苦难会接踵而来，甚至让你喘不过气

内在疗愈
为什么努力了没回报

来。你可能会抱怨命运对自己过于苛刻，也可能会抱怨自己简直倒霉到家，所以才会喝口凉水都塞牙缝儿。实际上，这一切都是人生中最正常不过的现象，因为并没有人规定苦难要伴随在幸福之后，也没有人规定苦难要接踵而来。很有可能苦难就像连珠炮一样向你投射过来，那么你能怎么做呢？坚强的你也许会选择哭泣，但是在哭泣之后，你却要擦干眼泪继续沿着人生的道路向前奔走。这是因为停滞不前，只能让你永远陷入悲伤之中，而只有努力奔跑，你才能把失败远远地甩在身后。跑起来，这也许是战胜失败唯一的方法，这个方法远远比逃避和畏缩来得更好，也更有成效。

没有任何人的人生会是一帆风顺的，在人生的道路上，人们总是会经历各种坎坷、挫折，甚至遭遇意外的打击。这种打击使人感觉到人生的天空瞬间都变成灰色的，甚至还有人想要结束自己的生命，然而等到熬过去之后，这一切曾经让人痛不欲生的经历都会变成人生中丰富的经验，甚至成为人生的资本。记住，这个世界上没有所谓的苦也就无所谓甜，没有所谓的悲伤也就无所谓幸福，所以我们与其抱怨命运坎坷，不如勇敢面对命运，也让人生获得更多的可能性。你应该意识到，你远远比你想象中更加坚强，只要你不选择结束生命，只要你继续坚强地屹立在天地之间，你最终会熬过这艰难的时光，从而获得精神上的涅槃重生。

第8章
年轻就是资本，失败了大不了从头再来

人之所以失败，是因为他们在失败的地方彻底地倒下了，他们不愿意挣扎着站起来，也不愿意重新面对苦难的人生。他们选择了放弃，让自己的人生从此止步不前。这正是失败者与成功者最大的区别之一，成功者在面对失败的时候不会一味地趴在地上哭泣，他们也许会暂时地趴在地上哭泣，但是他们最终还是会勇敢地站起来，擦干眼泪，带着微笑继续向前奔走。这样一来，他们最终能走出失败的阴影，来到人生的柳暗花明处。也正因为对待失败拥有如此坚韧不拔的精神，他们的人生才变得强大，他们的内心也才变得坚不可摧。不得不说，每个人都是自己人生的主角，都是命运的掌舵者，但是失败者恰恰把这个权利交给了未知的一切，也让自己的人生变成了风中浮萍漂泊不定。

哪怕是富二代或官二代，他们的人生也不可能是一路欢歌的。受苦就是人生的本质，对于很多人而言，受苦甚至是人生的重头戏，而幸福只是如同做客一样转眼即逝。即便如此，他们也依然坚强地活着，他们虽然活得很辛苦，但是他们却是生命中真正的强者。

大学毕业后，小梦就和自己青梅竹马的男朋友刘翔结婚了。他们刚刚结婚的时候条件很差，刘翔又要自主创业，所以小梦只好辞掉工作，安心地在家给刘翔当好贤内助。没过多久，小梦怀孕了，她刚刚学会照顾自己，就成了年轻的妈妈。

内在疗愈
为什么努力了没回报

从此之后，小梦的噩梦也就开始了，因为她不但要照顾自己和孩子，还要照顾在外奔波的刘翔。几年下来，小梦从一个年轻漂亮的女孩变成了一个憔悴的小妇人。此时，刘翔的事业蒸蒸日上，公司也渐渐步入正轨，规模越来越大。可想而知，年轻有为的刘翔变成了很多年轻姑娘的目标。在公司里年轻女秘书的强烈追求攻势下，刘翔最终缴械投降，与女秘书发生了婚外情。

正如人们常说的一样，当男人有外遇的时候，全世界最后一个知道的就是他的老婆。当小梦得知这个消息的时候，简直觉得天塌地陷，她不知道自己为何要在最美好的青春年华结婚生子，也不知道自己如今活着的意义何在。然而看着年幼无辜的孩子，小梦虽然想到了死，却不能真的去死。在短短的几个月时间里，小梦的眼泪都哭干了。此时，又传来那个女秘书怀孕的消息。小梦最终选择坚决地退出。虽然刘翔一再挽留，说自己和女秘书只是逢场作戏，但是小梦哪怕已经失去一切，也不能失去做人的原则和底线。在真正做出离婚的决定之后，小梦反而变得心平气和。她擦干眼泪，开始规划自己未来的生活。认真想想似乎并没有她想的那么可怕，毕竟父母还能帮助她一起养育孩子，而她也可以出去工作。离婚一年后，小梦如同变了一个人，曾经就像黄脸婆一样的她如今每天都打扮得光鲜亮丽，出入于高档写字楼。哪怕有儿子需要抚养，也依然有

第8章
年轻就是资本，失败了大不了从头再来

年轻的成功男性追求她，小梦这次要慎重地对待婚姻，重新开始自己的人生。

假如小梦始终沉浸在离婚的悲痛中不能自拔，那么等待她的必然是更加艰难苦涩的生活。幸好小梦没有放弃自己，而是在擦干眼泪之后，选择从哪里跌倒就从哪里爬起来，最终又赢回了属于自己的人生。

朋友们，当你觉得人生无望的时候，当你觉得人生之中幸福太少而苦涩太多的时候，不如及时"悬崖勒马"，冷静地思考是否还有机会重新来过。有时候，当人们遭遇重大打击时，痛苦是必然的，然而当痛苦过后，生活还是得继续。只有从痛苦中挣脱出来，理性思考自己的人生道路，迈过那道坎儿，才能一鼓作气重振自己的生活。

犯错很正常，不要自怨自艾

这世界上，有谁能保证自己的一生中绝对不犯任何错误呢？可以说，除了西方的上帝和中国的神仙之外，没有任何人能做到这一点，而上帝和神仙是否真正存在还有待商榷，那么我们暂且可以说：世界上没有任何人可以保证自己不犯错。

人人都追求完美，希望自己成为一个完美无瑕的人、一个

内在疗愈
为什么努力了没回报

无可指责的人、一个让人说不出任何"不"字的人。实际上这样的人只存在于幻想之中,这个世界上没有完人,每个人都会犯错误,你也不例外。

错误不但是使人进步的阶梯,还是让人成长的契机。如果没有错误的存在,人们很难想到自我反省。虽然古人云,吾日三省吾身,但是真正做到每天反省自己的人却少之又少。从这个角度而言,错误恰恰提醒了人们应该进行自我反省,从而也保证了人们不断进步和成长。这就像是小学生在参加考试的时候,平日里个个都觉得自己学得特别好,但是一旦到了考试的时候总是错误百出。实际上,如果不是因为粗心犯的错,错误反而会对孩子们的成长起到好的作用。因为如果不犯错,没有人知道自己有什么不足,只有在犯错的情况下,人们才知道自己的不足之处。所以说错误是成功的阶梯,是成长的契机,这句话非常有道理。

大学毕业后,小刘进入一家广告策划公司工作,他对待工作充满了热情,也希望自己能够在工作上有突出的表现。有一次,一个客户来公司咨询,希望公司针对他们的产品出一个简单的策划创意稿。为此,老板让每一位策划人员都出一个策划稿,然后给客户过目,以此表现公司对客户的诚意。小刘对老板的工作安排非常积极,他在接到工作任务后马上就打开计算机,开始查询客户公司产品的介绍和相关的资料,并且用一下

第 8 章
年轻就是资本，失败了大不了从头再来

午的时间一气呵成洋洋洒洒写了几千字。策划稿完成之后，小刘有些疲惫，因而就没有检查，只是急急忙忙地扫视了几眼策划稿，就将其发到了客户的邮箱中。

之后的几天时间里，小刘一直在迫切期望得到客户的反馈。因为他觉得自己一气呵成、充满热情的策划稿一定能够得到客户的认可。周一开会的时候，经理拿出厚厚的一摞策划稿给同事们进行分析。等到拿起小刘的策划稿时，经理问道："这是谁的策划稿？"小刘马上把手举得高高的，说是自己的策划稿。经理突然把策划稿重重地摔到会议桌上，怒气冲冲地吼道："就是你这份策划稿搞砸了我们与客户的合作。在策划稿中，你居然犯了如此低级的错误，把客户的产品写成另外一个公司的产品，导致客户认为我们工作态度不认真，随便用给其他公司做的策划稿来糊弄他们！"小刘根本没有想到是这样的结果，原本期望得到表扬的他面对这样尴尬的局面，不由得蔫头耷脑，再也不敢抬起头来了。事后，小刘为此而郁郁寡欢，甚至开始怀疑自己的能力，因而主动向经理提出了辞职。经理面对小刘的辞职，有些失望地说："我都没有辞退你，你居然辞职。难道是公司有什么地方对不起你吗？"小刘说："经理，我实在是没有脸面继续留在公司，我把公司与客户的合作都搞砸了，我是公司的罪人。"经理这才明白小刘的意思，说："公司为了你的成长，都可以承担这样的损失，难道

内在疗愈
为什么努力了没回报

你就经不起这一点点的挫折吗？你可以去问问办公室里坐着的同事，有谁是从进入公司开始一帆风顺、从未犯过错误的。对于一个没有犯过错误的员工，公司也不会把他留下来，因为这至少说明他们从未动过脑筋，也没有挑战过自己，更不曾尝试过创新。我希望你能痛定思痛，从这件事中吸取经验和教训，这样你才能最大限度地获得成长，从而为公司创造效益，也为自己的发展做出努力。"小刘点点头，从此在工作上再也没有犯过类似的错误。

没有人不犯错，越是在职场上看似精明干练、光鲜亮丽的人，越是曾经在工作的过程中摔过无数次跟头，否则他们就不会有今天的成就。所以我们不要单纯地羡慕他人在工作上的成就，而要想到他们在今日的精明干练背后付出的一切努力和辛苦。尤其是在现代职场上，工作的要求越来越高，同事之间的关系也更加复杂，我们必须具备超强的心理承受能力，这样才能让自己不断地成长和成熟起来。

面对错误，如果公司没有给我们严厉的处罚，那恰恰是意味着公司愿意为我们的错误交学费。很多学费都是价值不菲、非常昂贵的，既然如此，我们更要努力提升和反思自己，从而无愧于公司的栽培。如果犯了错误就想拍屁股走人，这不但是懦弱的表现，而且也是对公司的不负责任。

人非圣贤，孰能无过，错误非但不会使我们变得畏缩，反而会使我们变得更加勇敢。当然，前提是我们对待错误的态度应该是端正的，而且能从错误中获得成长和进步。如果在犯错之后始终沉浸在自己的错误之中无法自拔，陷入深深的自责之中而无法正常工作，那么这就是错上加错。真正明智的人在犯错之后会勇敢地承担责任，所谓的承担责任，并非是赔偿相应的损失，而是能够让自己坚强起来，不断进步，从而尽快承担起更加艰巨的工作任务。总而言之，人必须先认识自己，才能提升和完善自己，错误恰恰让我们打破了对自己虚伪的幻想，让我们在保持清醒的状态下把经历变成经验，最终遇见更美好的自己。

人生没有回头路，你只有努力向前

每当说起成功的模式，人们总是陷入惯性思维之中，觉得所谓的成功就是草根逆袭。当一个普通的小职员，从最基层的岗位开始做起，然后通过自身不断努力得以晋升，最终成为行业精英。而在现代职场上，有人从事着自己不喜欢的工作，直到有一天突然发现了自己的擅长和兴趣所在，因此下定决心辞掉工作，给自己找到新的舞台。在这种情况下，他们又要如何面对自己的人生呢？听起来这一切都是水到渠成、顺理成章

内在疗愈
为什么努力了没回报

的，也是给人以很大的激励，但是实际上这样的故事未免落入俗套，使人感到非常乏味。

世界上从来没有一帆风顺的人生。实际上，对于大多数人而言，在年轻的时候，在人生中的某个阶段，总会做一些让自己追悔莫及的事。在当时，他们因为事情的发生而对自己极其不满，却不知道时过境迁，这些事情会成为他们人生中最宝贵的经验和阅历。正如人们常说的，没有一段经历是白白浪费的，这句话告诉我们人生中的每一段经历都是有意义和价值的，都会对我们的人生起到积极的推动作用，也会让我们的人生变得更加充实和精彩。所以任何时候，我们都不要回避自己曾经不堪回首的过往，如果没有那些事情的发生，也就没有今日的我们，更没有我们如今的成就。从这个意义上而言，我们应该正视自己做过的那些事，也应该对自己付出的一切都心怀感激。

很多人都追求无怨无悔的人生，却没有任何人的人生能够真正做到无怨无悔。大多数的人生都是在不断犯错和试错的过程中逐渐成长起来的，恰恰是那些曾经的悔不当初让我们有了今天的认识和觉悟。常言道，不经历无以成经验。很多时候父母希望把他们的经验传授给我们，让我们少走一些人生的弯路，从而让我们的人生更加顺遂如意。实际上，父母传授的经验并不能代替我们的成长。归根结底，我们要通过亲身经历才能一步一步地成长

第8章
年轻就是资本，失败了大不了从头再来

起来。所以对于那些曾经让我们懊悔的事情，不要觉得后悔，因为后悔对于事情的解决并没有切实有效的帮助，唯有真正从心底释怀，我们的人生才会更加从容。

周末，小迷去参加同事的婚礼，亲眼看着同事变成了世界上最美丽的新娘，小迷羡慕不已。如今，她还是单身，也不知道何时才能遇到自己命中注定的真命天子。想到这里，小迷不禁有些懊悔。

小迷曾经有一个男朋友，他们从高中时期就开始谈恋爱，一直到大学感情都很好。然而，大学毕业后他们却分道扬镳，根本原因是小迷希望男友能到自己所在的城市，然而男友志在四方，希望在大都市里站住脚，打拼出一片天地。小迷不愿意离开父母，因而与男友分手。时至今日她才明白，很多感情一旦错过了就再也无法挽回。和男友分手没多久，他有了新的追求者。凭着自身的努力和奋斗，没过几年，他就在大城市里买了房子，而且已经结婚生子了。小迷无数次幻想自己如果当初跟男友一起去大都市打拼，那么如今就可以把父母接到大城市一起生活。但是现在，她就算想回头，也无路可走。她只能暗暗地祝福自己，祈祷尽快迎来下一段感情。

人生无悔，当然是大多数人都追求的境界。然而真正想要做到这一点却很难，这是因为人生从来不让人顺遂如意。要想在人生中获得幸福美满，我们就必须付出更多的努力，也要有

> 内在疗愈
> 为什么努力了没回报

更多的执着和坚持。

　　人生就像一场没有归途的旅程，永远也不可能重头来过。虽然如今的影视剧非常热衷于拍摄穿越片，但是对于真正的人生而言，是不可能实现穿越的。退一万步而言，就算真的能够回到过去，我们也不能保证自己做的一切都是无怨无悔的。既然如此，还有必要因为如今的失落而感到痛苦吗？与其痛苦，还不如抓紧时间享受充实的人生，唯有如此，我们的人生才会更加洒脱豁达。

只要努力，你总会将磨难踩在脚下

　　在这个世界上，有谁不曾遭受命运的刁难呢？的确，命运总是会刁难人，所以人生才充满了不如意。也许每个人幸福的原因都是相似的，但是每个人不幸的原因却各有各的不同。对于这样的人生状态，我们应该怎样面对呢？当人生遭遇不幸的时候有的人愤愤不平、怨声载道，殊不知，这对于解决问题根本没有任何好处和益处。而有的人在面对人生不幸的时候却坦然从容，他们知道这一切既然已经发生就无法改变，那么唯一能做的就是理智而又勇敢地面对。

　　事实证明，命运的确是个非常讨厌的家伙。对于那些一心

第8章
年轻就是资本，失败了大不了从头再来

一意想要安稳生活的人，命运总是故意刁难他们，甚至给予他们各种各样的打击，让他们对生活失去信心。这看似是在考验他们，实际上却是在向他们展现命运的无情。我们在遭遇命运不公的时候，会感到气恼，甚至会大哭一场，或者怒骂一通。但是，也就仅此而已了，因为你对命运做不出更多的事情来，假如你继续任由自己心中的负面情绪不断积累，甚至会因此对人生失去希望，陷入绝望之中。那么，等待着你的必然是更残酷的人生。

要想改变命运，我们首先要改变自己的内心。既然命运和外界都是无法改变的，我们唯有改变自己的内心，才能化解心中的愤愤不平，才能让自己更加勇敢、理智地面对外界的人和事。否则，如果我们一直陷入郁郁寡欢的情绪之中，内心充满了怨愤和仇恨，又怎么可能拥有幸福和快乐的生活呢？人生永远不需要委屈的情绪，发生的一切都是应该发生的，正如一位大名鼎鼎的哲学家所说的，"存在即合理"。对于一切存在的事情，我们都应该认为它们是合理的，是理所当然的。唯有如此，我们才能保持平静的内心，勇敢面对命运的一切刁难。

从师范院校毕业后，静静回到家乡当了一名小学老师。然而，她没想到，作为一名刚刚毕业的老师，她被安排带全校最差的一个班级。这个班级历来都是全镇学校中的倒数第一。不过，凭着对工作的热情，在静静接受这个班级之后，班级的成

内在疗愈
为什么努力了没回报

绩有所提升。

几年以后。静静成了全镇的优秀教师，她的同事由衷地对静静说："所有的教师中，我最佩服你当初接受那样一个班级。对于一个刚毕业的学生来说，你不但做到了尽职尽责，而且把班级的成绩稳步往上提升。所以你如今年纪轻轻就被评为优秀教师，让每一位教师都心服口服。要知道在当时那个班级，就算老教师也搞不定。"尽管周边有这么多赞美之词，但静静却心平气和。因为静静知道如今的赞美是她努力工作的回报。她从一个刚毕业的"小白"到现在的"游刃有余"，吃尽了苦头。一开始，自己所在班级的学生对她的存在视若无睹，有的学生甚至还会做些恶作剧捉弄她，但她用自己的智慧与行动一一化解。并且主动了解学生除学习外的其他情况。了解完学生后采取"因材施教"的方法，长期鼓舞着学生们学习，就这样，她的坚持使她和学生们都得到了成长。

对于每个人而言，生活并不像表现出来的那么绚丽多彩。再完美的人生也不可能只有幸福和快乐，而没有痛苦和烦恼，特别是在成长的阶段中，每一个尚未成熟的人都会感受到成长的阵痛。他们因为缺乏人生经验，难免遭遇各种各样的痛苦，体会人生的百般滋味。甚至有的时候，稚嫩的心灵会觉得这个世界使人绝望，恨不得马上离开，彻底让自己的生命消失。

然而，终有一天，这一切都会过去，所以不要只顾着抱

第 8 章
年轻就是资本，失败了大不了从头再来

怨那些人和事，也别让恨意把你的心囚禁在牢笼中。任何情况下，伤痛都是人生之中不可缺少的一部分，就算打落牙齿往肚子里咽，我们也要坦然承受这一切苦痛。在人生的道路上，我们不能停滞不前，即使遇到再多的伤害，承受再多的失败，面对再多的失意，我们也必须继续执着向前。当我们走过人生的困厄，就会发现命运一切的刁难似乎都变成了生命最好的养料，滋养我们不断成长和成熟起来。

第9章

你在做什么，决定了你能成为什么样的人

对于每一个人而言，哪怕人生再成功，却活成了别人的样子，成功也是他人的仿品，那么这样的人生就算不上真正的成功。每个人从呱呱坠地开始，就成为独立的生命个体，在不断成长的过程中，他们渐渐地对于自己的人生规划越来越清晰，对于未来也有了更加热切的渴盼和憧憬。人，当然要成为自己想成为的人，这样才能无愧自己的人生，也才能让自己更加热爱和忠诚于人生。

♥ **内在疗愈**
　　为什么努力了没回报

努力奔跑，实现人生的辉煌

　　每当在生活中遭遇挫折的时候，每个人都会情不自禁地安慰自己：坚持就是胜利！正是这简单的六个字，支撑着无数人熬过艰难的时刻，走到人生的柳暗花明处。实际上，成功并非只是为那些有独特才华和天赋的人准备的，大多数时候，拥有毅力的人反而更容易在人生之中有所收获，从而获得成功。

　　当我们抱怨人生不如意的时候，不如反思自己为何没有在艰难的时刻坚持下去，要知道，人生从来没有等出来的辉煌。每一个充实的人生，都是依靠每个人努力去创造才能得到的。在汶川大地震中，有一个只有12岁的少年冒着生命危险从教室里救出好几个同学，不得不说，他的勇气、毅力和那位逃跑老师相比简直不可同日而语。这位少年为何表现得如此英勇无畏呢？与他相比，有的孩子甚至连保护自己都做不到。实际上，这与很多因素密切相关，如孩子的天性，所受的家庭教育、学校教育，以及孩子的人生观、价值观等。归根结底，一个人不管想法有多么伟大，都要真正去做才能实现自己的梦想。也就是说，只有努力行动，我们才能放下心中的负累，让人生乘风

第9章
你在做什么，决定了你能成为什么样的人

破浪，勇往直前。

一个人是否具有行动力，除了上述各种因素密切相关之外，与他们的性格也有一定的关系。心理学家曾经经过研究发现，胆汁质和多血质性格的人往往更能够鼓起勇气战胜困难，知难而上，决不退缩。也正因为如此，他们天生就表现得比其他人更勇敢、更无所畏惧。当然，遗传的因素只占一部分原因，大多数原因还在于后天的培养。很多父母对于孩子总是娇生惯养，恨不得代替孩子做一切的事情，最终只会导致孩子心理脆弱，凡事都依赖父母。越是在关键时刻，他们越是手足无措，不得不说这是教育的极大失败。

人生中的很多困境看似存在，却是吓唬人的"纸老虎"，但偏偏大多数人生性胆小怯懦，就被这些纸老虎吓住了，再也不敢努力尝试。在这种情况下，我们应该努力挣脱内心的束缚，从而才能让"纸老虎"轰然倒塌，也让我们的人生拥有更加广阔的天地。因此，在没有做的情况下，永远不要预测将会遇到多少困难。我们可以未雨绸缪，却不能过于杞人忧天，否则就会变成契诃夫笔下的套中人，束手束脚，无法坦然面对人生。

古时候，波斯有一位国王需要找一位非常勇敢的官员担任朝廷中的重要职务。国王心中很清楚，想要找到非常勇敢的官员并不是件容易的事情，于是他决定在整个朝廷中公开寻找。

内在疗愈
为什么努力了没回报

为此，他把所有官员都召集起来，给他们出了一道难题，并且承诺只要能解出这道难题的官员就可以荣升重要的职位。

国王带着官员们浩浩荡荡去到一座又高又大的门前，说："你们都是我国的精英。但是，此时此刻你们面对的这座大门，是我国最大也是最沉重的门，迄今为止，还没有任何人能把这扇门打开。只要你们之中有人能把这扇门打开，我愿意马上提拔他，成为国家之中一人之下、万人之上的官员。"

很多官员只是站在远处观察着大门，看到大门又高又大、特别沉重的样子，他们连走近大门的勇气都没有，而是接连摇头，站在原地。有几位官员因为好奇心靠近大门，但是他们最终还是无奈地退了回去。更多的官员索性直接放弃了这个艰巨的任务，他们认为自己根本没有这样的力量。这个时候，有一个官员走到大门附近，缓缓地绕着大门走了一圈，认真仔细地观察了大门。随后，他还用手触摸大门，似乎想要找到大门的机关所在。在进行了很长时间的观察后，正当其他官员都迷惑不已时，这位官员抓起一根铁链，轻而易举就把大门打开了。其他官员全都震惊了，他们无论如何也想象不出这么沉重的大门，怎么可能被一根小小的铁链牵住呢？

国王高兴极了，当着所有人的面对打开大门的官员说："从此之后，就由你来担任朝廷中最高的职位，作为我的左膀右臂。当大家都被这个大门吓到的时候，你却能够不受到任何

第9章
你在做什么，决定了你能成为什么样的人

人的影响，认真仔细地观察，最终鼓起勇气完成任务。所以我相信你也会鼎力配合和协助我，带领我们的国家和人民战胜一切不可战胜的困难，最终使我们的国家更加繁荣昌盛。"

现实生活中，每个人都曾遇到过各种各样可能成功的机会。然而，很多人在没有任何尝试之前就先禁锢了自己，否定自己，直接导致自己根本没有勇气去进行尝试。事例中这位官员却不同，哪怕有一丝一毫成功的机会，他也绝不放弃，而是在认真观察和仔细分析之后，最终获得了成功。

不可否认，成功与失败之间是有一道分水岭的。这道分水岭并非像人们想象的那样看似无法逾越，很多时候，就是因为一点点的勇气导致人们走向成功和失败这两条截然不同的道路。实际上，禁锢人们的并非是外界，而是人们的内心。所以当我们能够战胜自己内心的胆怯，勇敢地去面对时，我们就会奔向人生的辉煌。大多数人在看到他人创造奇迹时都会心生羡慕，殊不知创造奇迹需要信心和勇气。如果一个人没有信心，在任何事情都没有正式开始推进之前就放弃，那么他只能彻底地与成功绝缘。相反，如果一个人始终满怀信心，哪怕感觉到形势的严峻或者是艰难，他们也绝不放弃心中的希望，而是依然坚持不懈地努力。最终，命运之神也会被他们打动，赐予他们成功的机会。

内在疗愈
为什么努力了没回报

决不放弃，练就坚强的个性

没有谁的人生会是一帆风顺的，每个人在生命的历程中总会遇到各种各样的困难。不管是在生活中，还是在工作中，亦或是在学习中，人总会遇到形形色色的阻碍，导致人生的道路无法一路高歌向前。在这种情况下，当只靠自己的力量无法克服这些困难时，我们又该如何怎么做呢？大多数人会寻求外界的帮助，然而帮助并非是想要就能得到的。此外，人生之中总是不停地遭遇坎坷磨难，一味地求助难道真的能够帮助我们度过一生的艰难吗？显而易见，别人只能帮助我们一时，而不可能帮我们一辈子。我们要想拥有幸福、充实的人生，并不能完全依赖别人，而要依靠自己的努力。从这个角度而言，任何时候，我们都不能放弃对生命的执着付出，哪怕处境艰难，我们也不能被动地等待他人来拯救自己。就像很多人喜欢看的美国好莱坞大片，影片中的主人公哪怕处于艰难坎坷的处境中，也从来不会轻易地放弃自己。最终，他们正是凭着坚韧不拔的精神和顽强不屈的毅力，才能够战胜邪恶的力量，从而获得成功。尽管人生之中并没有这样绝对的对抗，但是在面对人生逆境的时候，我们必须学会拯救自己。

从本质上而言，人其实是很坚强的。大多数人往往把自己想得太过脆弱，实际上只要有个人愿意，他完全可以比自己想

第9章
你在做什么，决定了你能成为什么样的人

象中更加坚强和勇敢。所以当面对人生的各种坎坷和逆境时，我们最先做的不应该是求助，而是反思自己，激励自己勇敢地站起来，走出逆境。唯有如此，我们才能真正战胜人生的困境，也才能在未来的日子里一次又一次地拯救自己。

很久以前，有个年轻人在生活中遇到了沉重的打击，在工作中也接连遭受挫折。他心灰意冷，想到深山老林里出家，再也不想面对这个让人烦恼的世界。到了深山老林，他找到高僧诉说自己的心愿，高僧对他说："你并没有完全失去希望，还有出路。这个世界上，唯独有一个人可以帮助你。不过，你必须自己亲自去山中找他。那座山就在东南方位，你要连续走一个月才能抵达。等你在山里找到他之后，你就会知道该怎么办。"年轻人虽然感到很纳闷，因为他从来没有听说过东南方位的山里有什么高人，但是既然他在这个世界上还有一丝希望，而且他还是眷恋红尘的，因而当即决定出发去寻找高人。

年轻人背起行李走了整整一个月，他在这一个月里风餐露宿，为了节省时间，除了睡觉，几乎都在赶路。到达大山的时候，年轻人胡子拉碴，头发也变得长长的，遮盖住了眼睛。但是他心中始终坚信：只要自己找到那位高人，他就能得救！为此，他并不觉得苦累，而是继续坚持。到了深山老林之中，年轻人足足走了三天三夜，却没有看到任何人影。他很困惑，以为高僧是在欺骗自己。直到有一天，他绝望至极，因而对着

♥ **内在疗愈**
　为什么努力了没回报

悬崖大声喊道："为什么？"突然，悬崖那边传来回音，也在喊："为什么？"年轻人又喊："我不放弃！"回音也马上喊道："我不放弃。"年轻人恍然大悟，原来高人所说的拯救者就是他自己。

他暗暗下定决心，再也不会轻易放弃，而是努力生活和工作。几年之后，他事业有成，也组建了自己的家庭，不由得再次想起高僧的话，心中感慨万千。他告诉所有的朋友：任何时候都不要放弃自己，因为能拯救你的，只有你自己。

在这个事例中，高僧给了年轻人最深刻的点拨。的确，对于每个人而言，生活从来都不是一帆风顺的，那么在面对生活的艰难坎坷时，如果一味地抱怨，只会让我们的处境更加举步维艰。相反，如果我们能够勇敢地面对生活，能够鼓起所有的力量和勇气战胜生命中的困难，那么我们最终一定能够走出坎坷，收获满满。

记住，任何时候，只要你不放弃，你就能成为最坚强的自己。只要你不放弃，你就能够成为自己的救世主，拯救自己。从根本上而言，这一切都取决于你的内心，当你的内心足够坚定时，你也就能够战胜整个世界。

第9章
你在做什么，决定了你能成为什么样的人

唯有竭尽全力地奋斗，你才能成为你想成为的人

对于人生，每个人都有自己的设想，也有自己的梦想。有梦想的人对待人生总是激情四射、热血澎湃、斗志昂扬、干劲十足。为了梦想，他们不断地拼搏，在无数次遭遇失败和挫折之后，也不愿意缴械投降。他们始终高昂着头，勇敢地面对人生的一切风风雨雨和泥泞坎坷，最终他们走向了梦想的彼岸，到达人生的目的地。然而，在历经千辛万苦实现梦想之后，他们却觉得有些迷惘，因为他们不知道实现梦想之后的人生应该是怎样的。所以很多人的失败并非发生在成功之前，而是发生在成功之后。当期待已久的一切都变成现实，等待人们的是内心巨大的狂喜，也可能是充满了无处寄托的空虚。这就像人们在登山，当竭尽全力爬到山顶，一览众山小，欣赏美丽的风景之后，人们的内心却感到很迷茫，不知道接下来应该做些什么。在学校里，很多孩子考完试之后也会觉得极度轻松，轻松之后又觉得无聊、空虚，不知道人生的意义何在。这也是同样的道理。

实际上，梦想的巅峰并不是人生的终点，所以即使到达梦想的巅峰，每个人也未必就可以休息。人生的高度是永无休止的，没有人会为自己的人生设定高度，所以在不断攀登高峰的过程中，我们也可以在达到新的起点之后为自己设定新的目

内在疗愈
为什么努力了没回报

标。人生就像逆水行舟，不进则退。当我们乘着人生的小舟在茫无边际的大海上前进时，一旦停止划桨，小舟并不会停留在原地，而是顺着水流不断后退，在水流作用下，小舟也会被越推越远。甚至我们此前花费力气好不容易到达的地方，也变成了远方的一个小点。由此可见，哪怕人生真正实现了理想和目标，也要审时度势，及时制订更高目标，这样才能让人生始终保持进步的姿态，不断攀登人生新的高峰。

"乒乓皇后"邓亚萍拥有传奇的人生经历。在运动生涯中，她夺得了18枚世界冠军的金牌，让每一个知道她的人无一不为她竖起大拇指。邓亚萍看上去身材娇小，只有一米五五的身高，但是她的体内却蕴含着强大的力量。很多人都赞誉她为乒乓球坛的"小个子巨人"，甚至全世界都为她的精彩表现喝彩。按照惯例，每个运动员的运动生涯都是很短暂的，因为人身强体壮的最佳年龄转瞬即逝。但是邓亚萍却在短暂的运动生涯中到达了人生的巅峰，也为自己在世界运动史上留下了浓墨重彩的一笔。看上去，她似乎可以功成身退，但是在退役之后，她并不想依靠自己曾经的冠军生活度过接下来的人生，也不想让自己年纪轻轻就进入退休的状态。总而言之，她不想依靠冠军的头衔生活一辈子。她认为自己前半生在体坛上的荣耀并不能让她一生都引以为傲，所以她决定抛去自己曾经的光环，而让自己像一个普通人那样继续为生活努力。为此，在

第9章
你在做什么，决定了你能成为什么样的人

1998年结束运动生涯之后，邓亚萍发扬永不服输的体育精神，为自己选择了全新的奋斗领域。她决定静下心来读书，让自己的人生一切归零，从头开始。正是因为这样的一个想法，邓亚萍从此之后开始了十几年漫长的求学道路。

因为致力于体育事业，所以邓亚萍的文化课成绩并不好。她的英语几乎是空白，她必须和低年级的孩子一样，从最简单的字母开始学起。在很长一段时间里，邓亚萍把26个英文字母作为自己的对手，她一直非常努力地学习英语。直到2001年，邓亚萍居然获得了清华大学外语系英语学士的文凭，不得不说，对于一个已经不再年轻、并不具备学习最好年龄的她而言，这该是多么辛苦和努力才能得到的成绩。邓亚萍并没有满足于学士学位，继续开始攻读硕士学位。最终，她走出了国门，进入英国剑桥大学经济学系，开始攻读经济学博士学位。可以说，邓亚萍的运动生涯和人生经历，是任何一个运动员都不可比拟的，也是任何一个普通人不能与之相提并论的。尤其是在结束运动生涯后，邓亚萍原本可以凭着自己对于体育事业的贡献，得到很好的安排，而她偏偏为自己选择了一条艰苦的道路。这样的选择，很多人根本没有勇气坚持完成。邓亚萍永不屈服的劲头告诉我们，她不会把这当成是人生的最后一站，因为她正在酝酿着新的人生目标和梦想高度，然后再督促自己不断地朝着目的地鼎力前行。

内在疗愈
为什么努力了没回报

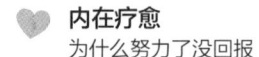

很多人不理解邓亚萍在运动生涯中为祖国夺得了18枚金牌圆满退役之后,为何不选择过安逸舒适的生活,而偏偏要逼着自己如此辛苦和努力呢?这就是追求和奋斗的人生,邓亚萍是一个有理想、有梦想的人,她不愿意依靠以前创造的辉煌来度过未来的人生。当在运动场上挥洒汗水、为国争光之后,她还有更远大的理想和梦想。正因为如此,她的人生才能一路向前、一路高歌。每一个睿智的朋友都应该知道,在实现梦想之后,我们也许可以暂时地休息,但是千万不要彻底放松自己,我们更需努力向前,才能让人生勇攀高峰,达到更高的高度。生命的意义就在于不断努力,如果人生中剩下的每一天都会变成相同的模样,那么生命还有什么意义呢?

每个人的人生都应该像爬山,必须一刻不停地向上,才能保持积极和热情。如果在到达山脚之后突然停下来,那么早晚有一天,我们会叽里咕噜地滚下山脚。所以说人生进步的过程也像是爬台阶,在爬上一个台阶之后,马上就会有新的、更高的台阶在等着我们。这样一来,我们要不停地攀登,而且绝不能犹豫。尤其是在现代社会,各行各业的竞争都非常激烈,人才济济,没有人能够仅仅依靠自己所谓的高学历和能力就不思进取。奋斗拼搏的人生中,每个人唯有不断努力,才能获得自己想要的一切。

第9章

你在做什么，决定了你能成为什么样的人

你不出去，怎能找到出路

面对人生的困境，很多人觉得非常懊恼，因为他们觉得自己就像被关在一间没有任何缝隙的牢房中，让人觉得窒息，犹如困兽，却始终找不到任何突破口。实际上，人生并没有所谓的出路。但这并不意味着人生处处都是绝境，而恰恰意味着人生处处都是出路。对于我们每个人而言，面对看似绝境的处境，实际上到处都是生机。只要我们勇敢地迈出步伐，只要我们能够让自己的脚印停留在地面上，我们就会知道路在何方，也会知道自己下一步应该走向何处。

一个人不管能力多强，都不可能真正解决所有问题。现代社会中，每个人都是社会的一员，都需要与他人为伴，相互通力合作，才能战胜生存的绝境，从而让自己获得更好的发展。所以，我们的身边不仅需要至亲至爱的亲人，也需要志同道合的朋友，更需要心有默契的同事。这样一来，我们在生活中才会更加顺遂如意，在工作中也才能最大限度发挥自身的潜能，从而创造属于自己的事业。

人生没有出路，但又处处都是出路。每个人在人生中扮演的角色和所处的环境都是不同的，在这种情况下，我们当然不能盲目模仿他人，而应该寻找自己的出路。例如作为一名教师，当在教学中感到困惑的时候，所要寻找的出路就是如何传

内在疗愈
为什么努力了没回报

道授业解惑；作为一名商业人士，在面对合作伙伴的时候，如果觉得没有出路，就要认真地倾听对方，从而了解对方，也让自己与对方的合作达成。哪怕真正觉得无话可说，倾听也是最好的选择，只要对方还在说，只要我们还能听，那么即使再坏的形势也有扭转的可能。

毋庸置疑，在人生之中，每个人都会有感到孤独无助的时刻。不管是对于学习，还是面对工作，抑或是普通人面对感情的挫折，都会产生挫败感和无助感。每个人活着都需要面对各种各样的情况，解决形形色色的问题，这也让生命的本质成为与其斗智斗勇的过程。唯有不断地与厄运作斗争，人生才能柳暗花明、别开生面。在努力生活的过程中，我们当然要学会释放自身的情绪，也要学会寻找新的出路。不管什么时候，都不要随意禁锢自己的内心，很多时候不是外界束缚了我们，而恰恰是内心让我们寸步难行。所以，唯有拥有自由的心，我们的人生才能拥有更多的改变，才会迎来充满希望的人生。

每个人不管是置身于人生的迷宫，还是面对人生的悬崖，只要能够渡过眼前的这一关，就算找到了出路。一个人哪怕再怎么思虑周全，也不可能对人生面面俱到。所以对于每个人来说，并不要觉得寻找出路是一种固定的模式，而要运用发散思维，意识到出路随处可见，也要意识到人生的出路不拘一格。正如一位伟人所说，不管是黑猫还是白猫，只要能抓住老鼠的

第9章
你在做什么，决定了你能成为什么样的人

就是好猫。那么对于人生而言，不管是怎样的出路，只要能帮助我们走出困境，就是成功的出路。

这段时间，小伟非常苦恼，因为大学毕业的他足足花费了两三个月的时间，都没有找到工作。他不知道自己的问题到底出在哪里，也不知道自己该何去何从。直到有一天，小伟遇到了大学同学马波。看到马波正在卖猪肉，小伟先是觉得难以置信，后来豁然开朗，意识到原来大学生的人生出路并非只有找工作这一种可能，而是充满了无限的可能性。有机会去高楼大厦中当一个白领固然好，如果不能找到心仪的工作，那么只要能独立养活自己，让自己真正地动起来，无悔地面对人生，也是明智的选择。想到这里，他再也不小看那些小生意了，他决定在淘宝上开一个网店，慢慢地开拓属于自己的事业。

打定主意之后，小伟不再每天疲于奔波寻找工作，而是踏踏实实开了一家网店，专门出售家乡的各种特产。虽然一开始生意惨淡，但是随着老客户越来越多，小伟的生意渐渐地火爆起来。最多的时候，小伟一个月的营业额达到几万元。因为开网店不用租门面，而且不用雇用很多工人，所以小伟的利润很高。他暗自庆幸自己没有一味地找工作，否则，他现在正拿着几千块钱的工资沾沾自喜呢。随着淘宝店铺规模越来越大，最终小伟成了一个不折不扣的小老板。

对于刚刚毕业的大学生而言，大多数都只想找到一份体面

的工作,能拿着较高的薪水。然而,这样的想法往往会局限大学生的选择。正因为如此,小伟才在两三个月的时间里都疲于奔波,始终没有找到适合自己的工作。直到后来,他看到自己的同学马波居然卖起了猪肉,这才脑中灵光一闪,意识到上大学并不意味着人生的选择变窄了,而是要拥有发散思维,要把小事做精做大,这样才能让自己的人生拥有更多的可能性,真正获得成功。

人生的出路到底在哪里呢?这是每一个人都想弄明白的问题。毋庸置疑,出路就在我们的脚下,只要我们不停地行走,就随时能找到出路。怕只怕我们原地踏步或者原地转圈,那么我们也就没有所谓的出路可言了。

你和你的掌纹一样,独一无二

人在前进的道路上,不管遇到怎样的困境,都应该始终牢记自己是一个人,要实现自己作为人的价值。因而哪怕前路漫长而又坎坷崎岖,都要继续坚持下去,直到痛苦烟消云散,最终拥有成功的喜悦。从这个角度而言,每个人必须相信自己,才能彻底扭转命运的局势。

每个人之所以来到这个世界,都绝非偶然。作为一个独立

第 9 章
你在做什么，决定了你能成为什么样的人

的生命个体，人人都要认可自身的价值和潜力。遗憾的是，现实生活中真正能够认清楚这一点的人并不多。大多数人觉得自己渺小得如同宇宙间的尘埃，还有很多人在渴望成功而不得的情况下，开始怀疑自己，觉得自己的存在毫无价值和意义。不得不说，这是对自己最大的侮辱和否定，也让自己彻底失去了信心和勇气。记住，每个人都是这个世界上独一无二的存在，每个人对于自己而言都是无价之宝，所以我们要像欣赏钻石一样欣赏自己的光芒，这样我们才不会被痛苦和挫折打倒，也不会因为沮丧而彻底否定自己的价值。

作为举世闻名的推销员乔·吉拉德的衣服上始终有一个金色的"1"字。对此，很多人不明白，他们想不通乔·吉拉德为什么要佩戴这样的标志，误以为乔·吉拉德是因为把自己看成是世界一流的推销员，所以才给自己佩戴这样的标志。实际上，乔·吉拉德并非这个意思，他告诉人们，所谓的"1"只是为了告诉自己："我是自己生命中最伟大的存在。"乔·吉拉德一语惊醒梦中人，很多人都怀疑自己的存在是否有意义，也觉得自己非常渺小，就像茫茫宇宙中的一粒尘埃。的确，不管是在世界上还是在宇宙中，每个人都是非常渺小的生命个体。但是，对于每个人自身而言，他们都是最重要的，也是最伟大的。从这个意义上来说，每个人都应该非常看重自己，从而发挥自己生命的能量。

内在疗愈
为什么努力了没回报

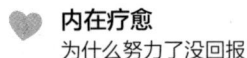

乔·吉拉德之所以把自己看作是生命中最宝贵的财富，实际上与他的人生经历是密不可分的。直到35岁那年，乔·吉拉德还是一个身无分文的穷人，他甚至无法养活自己的妻子和孩子。有一天，他参加了一个演讲，也正是这次演讲彻底改变了他的命运。

在演讲台上，演讲者气度不凡。面对台下黑压压的听众，他拿出一张崭新的百元大钞，问坐在前排的听众："你们想得到这张钱吗？"当时，乔·吉拉德正巧坐在前排，因而他当即毫不犹豫地举起手来，表示自己想要。演讲者什么也没有说，而是把这张百元钞票攥在手心中，把原本崭新的钞票揉得皱皱巴巴的。然后，他又问乔·吉拉德："你现在还想要这张钞票吗？"乔·吉拉德依然高举着手，表示自己坚定不移地想要这张钞票。演讲者高深莫测地笑了，他一言不发，把手中的钞票扔到地上，然后狠狠地对着钞票踩了两脚。这下子，钞票被捡起来的时候不但皱皱巴巴的，而且变得脏兮兮的。演讲者再次问乔·吉拉德："你还想要这张钱吗？"乔·吉拉德继续举起手，口中高喊要。演讲者说："看看吧，这就是这张钞票的价值。不管我是把它揉得皱皱巴巴，还是把它扔到地上狠狠地踩上几脚，它始终都是一张钞票，拥有自身的价值。如果你们拿着它去商店，依然可以为自己购置生活的必需品，或者是咖啡，或者是香烟，或者是孩子的零食，这一点，只要这张钞

第9章
你在做什么，决定了你能成为什么样的人

票还存在，没有灰飞烟灭，就不会改变。"听了演讲者的话，乔·吉拉德如同醍醐灌顶，他突然意识到自己的存在也是有价值的，哪怕自己命运坎坷，遭遇了很多不如意的事情，但是这并不能改变自己存在的价值。从此之后，他振作起来，充满自信，向着人生的目标奋进，最终成为世界上最伟大的推销员。

对于每个人而言，生活都不会事事顺遂如意，尤其是在遭遇命运坎坷的时候，人们难免感到沮丧绝望，甚至觉得自己的存在毫无价值。但是从本质上而言，不管发生了什么事情，每个人自身的价值从未改变。也许在特定的情况下，我们人生的价值会暂时隐藏起来，但是只要我们对自己始终满怀信心和希望，就能最终证明自己的价值，也能让自己变得与众不同。

记住，无论世界怎么变，也无论我们的人生遭遇怎样的困境，我们依然是我们，是独一无二、不可取代的生命个体。只要我们满怀信心，始终勇敢坚强，就不会被打败。正如海明威笔下的桑迪亚哥老人所说的，"一个人尽可以被打倒，但绝对不能被打败"，那是因为他有一颗坚强不屈的心。

你改变不了环境，但你可以改变自己

很多人对于命运都有着太多的不满，他们总觉得命运对

内在疗愈
为什么努力了没回报

自己不公平,也觉得自己从未得到命运的青睐。实际上,命运总是冷酷无情的,它从来不会青睐每个人,也不会故意地给谁的人生设置障碍。众所周知,世界是无法改变的,这是因为世界是客观存在的,不以我们的意志为转移,那么难道我们就要对生命中发生的一切束手就擒吗?当然不是。明智的朋友都知道,心若改变,自我的世界也会随之改变,所以要想改变人生,我们首先要改变心态。当用积极主动的心态面对人生,我们自然有更多的底气主宰和把握命运。

每个人的人生都不应该被动地等待别人来成全,要想成为人生的主宰者和驾驭者,我们就要积极主动地对待人生。从本质上而言,每个人都是赤条条地来到这个世界上,然后赤条条地离开这个世界。在成长的过程中,社会赋予了每个人不同的角色,给予了每个人不同的地位。所以每个人才会拥有其特殊性,与他人明显区别开来。正是这样的差异,使得人们常常心生不平,看到比自己过得好的人,他们觉得内心委屈;看到自己比别人过得好,就觉得沾沾自喜。如果人们总是因为物质而让自己的心情波澜起伏,那么毫无疑问,这样的人生是不值得提倡和推崇的。

现代社会,很多人提倡人生要返璞归真,洗去铅华,回归简单。也许的确是因为物质上的富足,使我们迷失本性。从这个角度而言,让物质变得极简,我们才能顺理成章回归本

第9章
你在做什么，决定了你能成为什么样的人

心，也才能成为自己想成为的人，进而获得精神上的自由。实际上，从古至今，每一位成就大事者在生活方面都是简单质朴的。正因为如此，他们才能更多地关注自己的心灵，也最终寻找到自己真正想要的生活。

成为自己想要成为的人，这既是人生的使命，也是人生的意义所在。当一个人不被外界的物质和金钱所迷惑，而更多地回归本心，他们当然能够从容面对人生，也能悦纳自己的本性。

国学大师季羡林老先生一生简朴，他总是穿着粗布衣服，所以被很多人称为"布衣教授"。他从小出生在山东省一个贫穷的农民家庭中，因为家境穷困，他小时候生活非常艰苦，甚至在一年的时间里都吃不到几次白面，家里连盐都买不起。从四五岁的时候，季羡林就开始帮助父母干活。到了收获庄稼的季节，小小年纪的他还会跟大孩子一起去地里捡粮食。这一切并没有让季羡林失去对学习的热爱，他虽然出身贫苦，却对知识充满着学习的热情。后来，他不但考上了清华大学，而且还去德国留学，学成归来后，进入到北京大学当教授。人生丰富的经历并没有让季羡林对物质过于追求，他的家更是简朴的典范。他的饮食非常简单，真正诠释了平凡的意义。但是季羡林虽然对自己苛刻，却从来不吝啬把钱用在该用的地方。他把辛辛苦苦节省下来的工资和稿费都捐献给家乡的小学，为了改善

内在疗愈
为什么努力了没回报

家乡老百姓看病难的问题,他还出钱建立了卫生院。正因为如此,季羡林老先生才能成为国学大师。他清心寡欲,始终以艰苦朴素、坚持至简至真作为自己的人生原则。

每个人都想成全自己,却无力改变自己。殊不知,只有通过改变自己,才能改变世界。这无关乎金钱与物质,而只在于每个人的心灵。香港首富李嘉诚作为人尽皆知的大富豪,他虽然拥有财富,但他的生活起居却与常人无异,甚至更加简单质朴。哪怕是在公司里,李嘉诚也从来不铺张浪费,简朴得就像是一个精打细算的普通人,丝毫不像亿万富翁。正因为如此,他才成全了自己宁静淡然的一生。他虽然致力于追求金钱,却从不为金钱所负累。他成全自己的方式就是放下虚伪,洗尽铅华,以简朴的生活,回归本心。

现实生活中,常常有人抱怨,因为所谓的面子或者虚荣心使自己非常被动,实际上这样的被动并非是外界导致的,而是因为我们的内心无法坦然面对一切。要想让人生从容淡然,我们就要放下一切的虚伪和矫饰,这样才能真实自然,从容走好人生之路。

第 10 章

那些泥泞的日子，会造就优秀的你

　　常言道，人生不如意十之八九。每个人的人生都不可能是一帆风顺的，命运除了给我们惊喜之外，也会给我们意外的惊吓，甚至是致命的打击。面对人生的暗无天日，很多人选择退缩和放弃，因而彻底在人生之中败下阵来。而真正的强者绝不会轻易放弃，他们会迎着困难和逆境前行，最终走出人生的困境，让人生柳暗花明。

内在疗愈
为什么努力了没回报

痛苦，是心灵成长的必经之路

没有人的人生会是一帆风顺的，在生命的过程中，每个人都会经历各种各样的痛苦，也会遭遇命运的各种磨难和坎坷。哪怕有的时候我们因为一件小事没有做好，就有可能被他人无情地嘲笑和否定，甚至还会被他人落井下石，导致我们的境况更加艰难。然而，这一切并不是我们努力表现就能解决的，因为即使当我们努力表现得非常优秀时，也依然会有人质疑我们是否借助于外界的条件，才让自己变得出类拔萃。面对这样进退两难的局面，很多人都会觉得尴尬和困惑，他们不知道自己是应该继续表现优秀还是应该就此撤退。实际上，这样的困惑根本不应该存在，要记住我们是自己人生的主宰者，我们的命运不应该因为别人的随意评价和否定就发生改变。

唯有确定人生中哪些东西是我们真正想得到的，这才是最重要的。我们所要做的就是坚定不移地实现自己的人生目标，而不要过分地把别人的话放在心中，更不要记在心里。记住，人生中所谓的痛苦只是成长的阵痛，每一个人从呱呱坠地来到这个世界到渐渐地成长为能够独当一面的生命个体，这期间必

第 10 章
那些泥泞的日子，会造就优秀的你

然要经历漫长的过程，也必然要经历无数次的阵痛和艰难的蜕变。

很多人都知道《龟兔赛跑》的故事，在这个故事中，如果一定要给自己设定一个角色，相信大多数人都会沮丧地承认自己是那只慢吞吞的乌龟。这有什么关系呢？即使你真的是慢吞吞的乌龟，也可以在兔子打盹的时候超越兔子，而并不意味着你没有任何胜算。记住，没有任何一只兔子能够保证自己不打盹儿。换一个角度而言，就算你是那只兔子，哪怕经受一次的失败也并不代表什么，因为乌龟是在你骄傲轻敌打盹儿之后才借机战胜你的，相信在经历这样的教训之后，作为兔子的你再也不会在不恰当的时候选择睡觉。所以不管是乌龟还是兔子，我们都有自己的命运，我们要掌握自己的命运，要拥有良好的心态。

已经读六年级的乐乐最近对学习有些懈怠，对于妈妈安排给他的课外作业，他常常以各种理由推脱，从而逃避写课外作业的任务。有的时候，学校的作业明明没有那么多，但是乐乐却有意拖延时间，让自己直到晚上九点半才完成作业。这样一来，妈妈看到时间太晚了，就会让他洗漱睡觉，他也就不用做课外作业了。其实妈妈对于乐乐的偷懒行为心知肚明，但是她不愿意继续以强硬的方式强迫乐乐写作业，为此妈妈对乐乐睁一只眼闭一只眼，故意放纵乐乐偷懒。

内在疗愈
为什么努力了没回报

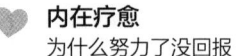

果不其然，在期中考试中，乐乐从月考时班级第一名的成绩下降到班级二十名之后。这样的成绩在妈妈的意料之中，因此妈妈并没有表现出太多的惊讶，反倒是乐乐觉得非常沮丧。趁此机会，妈妈教育乐乐："你经常觉得妈妈让你写作业是一种沉重的负担，而实际上你的很多同学都在外面上辅导班。我觉得与其去辅导班，每天来回路上要浪费很长的时间，倒不如你在家里做一些课外习题，这样更节约时间，也能够获得进步。上次月考你获得了第一名的成绩，就是因为你做了一些课外作业，拓宽了自己的思路。这次期中考试，你的成绩一落千丈，我想就算我不说，你也应该知道其中的原因。"听着妈妈的话，乐乐羞愧地低下头。妈妈问他："你知道自己接下来应该怎么做吗？"乐乐点点头，闷声闷气地说："做课外作业。"妈妈感觉到乐乐的情绪有些消沉，继续说："做课外作业并不是目的。你要知道，每一分收获都是需要努力付出才能换来的，没有人能够平白无故就收获任何东西。所以你不要觉得自己是学习的天才，而是要相信你的每一分收获，都是努力付出才得来的，这样你才能避免侥幸心理。"

果然，在经历这次期中考试的惨痛教训之后，乐乐又开始按部就班地完成妈妈布置的课外作业。几天之后，妈妈才对乐乐说："你发现妈妈前段时间没有盯着你做课外作业吗？"乐乐点点头，妈妈又问："那你知道原因吗？"乐乐摇摇头。妈

第10章
那些泥泞的日子，会造就优秀的你

妈说："其实，你期中考试的成绩下滑，完全在妈妈的预料之中。妈妈只是希望你从中得到一个教训，那就是没有人能不经历痛苦就长大，没有人能够不经过付出就收获。"乐乐有些沮丧地问："你为什么不找一个小的考试来给我教训呢？为什么要在期中考试教训我啊！"妈妈笑了，说："小考试你能获得如此深刻的教训，能这样主动反思自己吗？妈妈不想整日盯着你写作业，妈妈希望你能主动完成课外作业，也能真正知道课外作业带给你的好处和从中得到的收获。"乐乐若有所思地点点头。

毫无疑问，在这个事例中，妈妈教育乐乐的方法不但有技巧性，而且效果显著。大多数妈妈面对孩子的考试总是比自己要考试还紧张，她们不允许孩子有任何的放松和懈怠，因而只能全力盯着孩子复习，只为了让孩子在考试中有好的表现。殊不知，哪怕作为父母也不可能督促孩子一辈子，与其用这种疲劳战术对待孩子，还不如让孩子化被动为主动，这样孩子才能发自内心意识到父母让自己做的一切是为了自己好，也才能主动积极地去完成父母安排的学习任务。从根本上而言，后者才是一劳永逸的做法，也才能够真正激发出孩子内心的动力。很多人做事情只求结果，而不讲究事情的过程，实际上任何事情的结果都是由过程决定的。如果没有好的过程，又怎么可能有完美的结果呢？就像孩子的成长一样，如果不经历阵痛，是不

♥ **内在疗愈**
为什么努力了没回报

可能蜕变和进步的。

　　蜕变是一个非常痛苦的过程，就像阵痛一样一阵阵地袭来，循环往复地发生。因此我们当然也应该对自己有准确清醒的认识，与其在温室中长大，不如在条件艰苦的野外经历风雨，让自己不断地接受磨炼，变得更加坚强和充满毅力。唯有如此，我们才能真正掌握人生，主宰命运。

你唯有奋力进取，才能走出泥泞

　　在这个世界上，一个人不管有多么伟大的理想和志向，要想拥有美好的未来，最重要的就是先生存下来。毫无疑问，生存是每个人开启绚烂人生的基础，如果连生存都成问题，人们又怎么可能有余力去做自己想做的事情呢？所以，每个人都在努力拼搏，想让自己更好地生存，从而提高生活质量，让自己拥有完美的人生。然而，生存并不是一件简单的事情，如果说以前的生存就是吃饱穿暖，那么如今的生存则显得更加高大上。所谓的生存已经不再仅指衣食住行的满足，而是指让自己如愿以偿地活着。归根结底，生存艰难，一个人只有斗志昂扬，才能得到自己想要的人生。

　　曾经有一位名人说过，"一个人必须首先战胜自己的软

第10章
那些泥泞的日子，会造就优秀的你

弱，才能战胜人生的厄运，最终成为人生的主宰和命运的掌舵手"。这句话非常有道理，其实每个人的人生都会遭遇各种各样的坎坷与挫折，可以说这个世界上没有任何人的人生会是一帆风顺的，既然如此，我们不仅要坦然面对人生中的困厄，更要随时都做好面对困难的准备。人生之中，如果说有一件事情难度最大，那么这件事情既不是获得成功也不是获得幸福，而是能够迎接人生的各种挑战，让自己更好地生存下来。

有心理学家经过研究证实，大多数人的先天条件都相差无几，之所以在后天的成长中，人与人之间的差距越来越大，是因为每个人对待人生磨难的态度不同。成功者不管在人生中遭遇怎样的坎坷和挫折，总是能够越挫越勇，让自己鼓起勇气走出困境，而有些人之所以总是与失败结缘，就是因为他们在遭遇失败之后只会趴在原地哭泣，甚至一蹶不振。最终他们错过了发展的最佳时机，导致自己的生存每况愈下。由此可见，拥有再多的财富和金钱也不如拥有一颗斗志昂扬的心。所谓兵来将挡，水来土掩，要想在人生中做到这一点，最重要的就是内心强大，永不屈服。

很久以前，有个不折不扣的大力士，在十里八乡中都是力气最大的。每当到了集市上，他还会和各种人比力气大小，看着所有人都成为他的手下败将，他不由得更加骄横跋扈。这个大力士闲极无聊时还会把寺庙里的大佛扛在身上走来走去，招

内在疗愈
为什么努力了没回报

摇过市。看着沉甸甸的大佛被他轻轻松松地扛起来走动,村里的人都对他避让三分。他还会把大佛放在道路中间,导致驾驶马车的人根本无法通过,直到车主向他求饶,恭维他是举世无双的大力士,他才会心满意足、得意洋洋地把佛像从道路上扛走。日久天长,人们未免对他心生厌倦,觉得他仗着自己力气大,就故意刁难别人,实在是一个煞星。

有一段时间,集市上来了一个外乡人。这个外乡人不但身材魁梧高大,而且力气也很大。当听到人们对那个大力士怨声载道时,外乡人决定给当地的百姓做一件好事,那就是把这个大力士比下去,杀杀他的威风。这样一来,大力士以后就不会倚仗自己的力气大故意刁难老百姓了。在得到外乡人下的战书之后,大力士毫不犹豫地同意了。他已经名声在外,怎么可能因为畏惧这个外乡人而导致自己失去威名呢?在约定好时间后,他们摆好擂台,十里八乡的乡亲们都赶来观战。尽管乡亲们都希望外乡人能够打败大力士,但是他们都曾经见识过大力士的力大无穷,所以他们都发自内心地为这个外乡人担心。

比赛开始了。大力士轻轻松松地举起两只铜鼎。他每只手都举起一只铜鼎,而且每只铜鼎重达五百斤。大力士举着这两只铜鼎沿着擂台走了一圈,虽然有些气喘吁吁,额头也冒出汗水,但是他很快就恢复如常,又显得气定神闲。乡亲们更加担心外乡人会失败,不承想,外乡人居然把两只铜鼎堆在一起,

第 10 章
那些泥泞的日子，会造就优秀的你

然后用一只手就把两只铜鼎举了起来。乡亲们全都惊呼起来，他们想不到外乡人的力气居然这么大。不仅如此，外乡人还把两只铜鼎交换到另一只手上。他就这样一边沿着擂台走，一边不停地左手换右手，右手换左手，最终他沿着擂台走了整整五圈，才把铜鼎放到原来的地方。更让乡亲们感到震惊的是，外乡人不但没有流汗，而且呼吸均匀，气定神闲，似乎他刚刚举着的不是千斤重的铜鼎，而是两根轻飘飘的羽毛。大力士再也不敢挑战外乡人，但是他却心有不甘。思来想去，他也不知道如何才能为自己挽回面子，后来他突然蹦出一句："你要是真是有本事，就把自己给举起来啊！"这下子，外乡人被难住了，因为一个人哪怕力气再大，也不可能把自己举起来。虽然乡亲们都知道大力士是在强词夺理，故意刁难外乡人，但是不得不说大力士的这句话非常有道理。任何时候，一个人就算再强大，也很难战胜自己，一个人就算力大无穷，也没法把自己举起来。

毫无疑问，没有人能把自己举起来，这正应了一位名人所说的：每个人最大的敌人就是自己。虽然人们很难战胜自己，但是这并不意味着人们不可能战胜自己，一个人只有努力认清楚自己，能够客观地分析自己的优点和缺点，扬长避短，才能超越自己，获得更好的发展。举例而言，有些人觉得自己的记性不好，思维不够敏捷，那么就要以勤补拙，这样才能通过不

内在疗愈
为什么努力了没回报

断的努力弥补自己的缺点,让自己在其他方面更加突出。再如有的人虽然记性很好,但是却不够勤奋,在这种情况下,如果他真的能够做到过目不忘,发挥自己记性好的特点,也可以让自己有所收获。还有些人意志软弱,当意识到这一点之后,就要有意识地锻炼和增强自己的意志力。例如可以进行体育锻炼,也可以督促自己完成一项非常艰巨的任务。等到突破自己后,他就会更加坚强,拥有顽强不屈的毅力。

总而言之,没有谁的人生会是一帆风顺的,越是在人生中遭遇坎坷和挫折,我们越应该努力战胜自己,超越自己。很多人面对生活的不如意,总是怨声载道,殊不知,与其抱怨命运不公,还不如自己努力地用肩膀扛起责任。否则,哪怕你抱怨命运一万次,命运也并不会改变什么。

由此可见,要想更好地生存,我们就要先战胜自己,因为对于每个人而言最大的敌人就是自己。首先要认清楚自己的优缺点,其次,在人生中遭遇困境时,一定要保持积极冷静的心态,这样才能走出困境,让自己的人生实现腾飞。哪怕面对失败,也不要沮丧绝望,因为如果发自内心彻底放弃,就再也没有成功的可能。记住,唯有心中始终满怀希望和信心,才能在每一次的失败中寻找到成功的契机。

第10章
那些泥泞的日子，会造就优秀的你

只是努力还不够，你要竭尽全力

在这个世界上，人人都渴望自己能够获得伟大的成功，但是他们对于成功的认识却截然不同。有的人觉得只要尽力而为，就能获得成功，殊不知成功绝不是尽力而为就能轻轻松松获得的。每一个成功者的背后，都是曾经全力以赴的决绝。所以在关注成功者的光环时，我们也更要了解成功者背后为了成功所付出的一切努力，以及他们追求成功的过程中所遭遇的种种磨难。

在追求成功的过程中，每个人必然要遭受各种坎坷和挫折，而且他们也未必能够一次性获得成功。很多人获得成功，是在经历了无数次失败之后。因而，对于失败的承受能力，也是人们获得成功必备的条件。如果一旦遭遇失败就感到沮丧、绝望，甚至怀疑自己，那么没有人能够获得成功。很多人面对失败都会说自己已经尽力了，实际上这句话听似很悲壮，却非常软弱无力。对于想要成功而言，尽力绝不够。有的时候，我们自以为已经尽力了，并因此变得意志消沉，毫无斗志，甚至不再不遗余力地前进。因而大多数人挂在嘴边的尽力而为，反而成为自己在人生中不断前进的阻力，使他们一次又一次地与成功失之交臂。

很久以前，深山老林里住着一个猎人。每到天气好的日

内在疗愈
为什么努力了没回报

子,猎人就会带着与自己朝夕相伴、相依为命的猎狗去森林里打猎。一天,猎人刚刚走出家门没多久,就发现了一只兔子从草丛中跑出来。兔子俨然因为他们的到来受到惊吓,慌不择路,居然从猎人眼前跑过。猎人经验丰富,动作迅速,当机立断举起猎枪射杀兔子。然而,猎人不小心射偏了,没有打中兔子的要害部位。兔子的腿受伤了,不停地流血。然而兔子并没有因此停下来,而是继续拖着受伤的腿拼命地奔跑。为了避免让兔子从自己眼皮子底下溜走,猎人只好命令猎狗:"赶紧去追。"遗憾的是,猎狗虽然气喘吁吁地追了很久,一直追到密林深处,最终还是被兔子逃脱了。猎人忍不住生气地训斥猎狗:"你这个白吃饭的家伙,我每天好吃好喝地伺候着你,好不容易用你一次,你居然连一只被射伤的兔子都追不上。你说说,我还要你何用呢?"猎狗感到非常委屈,努力向主人辩解:"主人,我真的已经竭尽全力了。"

侥幸逃脱厄运的兔子,拖着受伤的腿好不容易才回到山洞里,其他的兔子都问它是如何受伤的。兔子讲述了自己受伤的经过,兔子们不由得纷纷赞美它,对它佩服得五体投地。要知道,还从来没有兔子能在猎枪和猎狗的双重夹击下逃命呢。它们七嘴八舌地说道:"那只猎狗那么凶狠,简直难以想象你能在猎狗的追击下逃脱,最重要的是,你的一条腿还受了枪伤。快给我们讲讲,你到底是如何做才能让自己活命的呢?"兔子

第10章
那些泥泞的日子，会造就优秀的你

惊魂未定地说："那只猎狗追赶我的时候，只是在努力完成工作，是尽力而为而已。要知道。即便它没有追上我，也顶多被主人狠狠地骂一顿，说它是废物而已。而我却面临着生死的危机，一旦停下奔跑，我就会成为猎人和猎狗的腹中美味。你们可想而知，我是在逃命，只能竭尽全力，否则我根本无法活着回来见你们。"

兔子的回答堪称经典，也为我们诠释了尽力而为和竭尽全力的区别。的确，尽力而为和竭尽全力相差迥异，所以猎狗和兔子得到的结果截然不同。尽管猎狗毫无疑问占据优势，却因为没有死亡的威胁，而无法发挥出自己所有的力量。相反，兔子拖着一条受伤的腿，却面临着死亡的威胁，因而它只能更加决绝，不顾一切地向前奔跑。现实生活中，每个人都有无限的潜力。但是有的人激发出了自己的潜力，有的人却始终对自己的潜力视若无睹，任由巨大的潜能在自己的体内酣睡。这就是尽力而为与竭尽全力的区别。

在美国西雅图的一位牧师告诉孩子们潜能就像一个沉睡的巨人，在每个人的体内蛰伏着，如果能够激发出内心的潜能，那么每个人都能创造奇迹。牧师许诺，如果有孩子能够把《圣经》任意三章的内容背诵下来，那么就可以得到机会去西雅图的高塔餐厅就餐。任意三章《圣经》的文字都特别多，大概有几万字。对于一个孩子而言，毫无疑问，这是一个看似不

> **内在疗愈**
> 为什么努力了没回报

可能完成的挑战。但是牧师的承诺实在太诱人了，没有一个孩子不梦想去高塔餐厅用餐。虽然孩子们对去高塔餐厅用餐垂涎不已，但是一看到厚厚的书页，他们就主动放弃了。约定的时间到了，有一个十一岁的孩子完全正确地背诵了《圣经》三个章节的内容。牧师惊叹不已，问男孩是怎样做到的。男孩毫不犹豫地回答："因为我竭尽全力了。"牧师当然兑现了自己的承诺，带着男孩去高塔餐厅用餐。从此之后，男孩明白了一个道理：只有竭尽全力，人生才能创造奇迹。若干年之后，这个男孩成了举世闻名的大富豪，他就是微软帝国的创始人比尔·盖茨。

大部分人最终只是发挥了自己很少的潜力，而全力以赴的人激发出自己大部分的潜力，所以他们才能在人生中有所成就。换个角度而言，一个人如果愿意付出自己所有的努力，那么他就能够实现人生的理想和梦想，让人生变得截然不同。

当然，激发潜力既能帮助我们创造人生的奇迹，也有可能使我们变得身心俱疲，甚至受到很多的伤害。然而，任何事情都有两面性，没有人在人生中是永远的赢家。唯有激发出内心的潜力，我们才能让自己变得更加优秀，也才能让自己的人生充实而有意义。尤其是在竞争越来越激烈的现代社会，一个人只是尽力而为根本无法在社会上立足。就像有些人小富即安，在稍微改善自己的生存条件之后，就不愿意继续努力和前进了。而拼尽全力的人，哪怕到达人生的巅峰，也会为自己树立更高的目标，从而让自己鼓起勇气不断前行。正是在不断挖掘自身潜力的过程中，他们成就了最好的自己。所以朋友们，当你们全心全意想做一件事的时候，再也不要抱着尽力而为的心态，你一定要告诉自己：唯有全力以赴，才能获得成功！

只要你坚持下去，世界都会为你让路

每个人都奢望人生一帆风顺，岁月静好，然而命运却偏偏与我们作对，总是给我们出各种各样的难题。每当面对人生中的困境，很多人总是心生畏惧，恨不得找到一个地方躲藏起来，再也不用面对这么糟糕的局面。然而，一个人不可能在一生之中面对困难始终躲避，既然人生中不如意十之八九，那么我们唯一坚持下去的办法就是让自己变得勇敢起来。当我们以坚强的心战胜厄运，整个世界都会因此而变得绚烂无比。

人生就像是辽阔无边的海洋，时而风平浪静，时而惊涛骇浪，而我们每个人都像是心思单纯的水手，原本梦想着海面阳光灿烂，却不想遇到了滔天巨浪、狂风骤雨。然而，此时我们已经到了海洋之中，难道能够马上打道回府，返回岸边吗？即使想要退缩，也必须熬过这一关，等待风平浪静的时候。既

> **内在疗愈**
> 为什么努力了没回报

然如此，我们为何不勇敢地向前冲，冲破这惊涛骇浪到达人生的彼岸呢？如果因为小小的挫折就放弃对人生的努力，那么人生最终会一事无成。就像登山的时候，我们不能因为荆棘丛生就退缩一样，否则我们永远也无法到达山顶。请记住，任何时候，只要你坚持，这个世界就会给你回馈。

纳特是一个命运波折的小男孩。从呱呱坠地开始，他就接连遭受命运的打击和折磨。大多数孩子在一岁前后就开始牙牙学语，然而他直到三岁才终于蹦出第一个字，全家人都因为他贵人语迟终于开了金口而欣喜若狂。但是没过多久，他却遭遇了人生中第一个沉重的打击。他在横穿马路的时候被一辆车撞了。然而这也许只是命运对他的警告，他在这次车祸中轻微脑震荡，虽然有小小的外伤，但在缝合了几针之后就很快愈合了。但是从此之后他的身体却变得非常差。各种各样的疾病轮番上阵，把他折磨得疲惫不堪，也影响了他正常的生长发育。和其他健康的小朋友相比，他就像一棵豆芽菜一样矮小瘦弱。即便如此，他还是坚强地长大了。

转眼之间，纳特已经十岁了。正是在十岁这一年，纳特遭遇了命运更残酷的打击。那天是一个喜庆的节日，纳特穿着妈妈提前为他准备好的漂亮衣服，正准备和小伙伴们一起去游行。然而，他在刷牙的时候突然感觉自己的半边脸有点麻木。他不以为然，却不知道这正是厄运在伸出魔掌。他把自己的情

第10章
那些泥泞的日子，会造就优秀的你

况告诉妈妈，妈妈当即送他去医院。在去医院的路上，他感觉到脸颊渐渐麻木，不由得非常惊恐。他不停地问妈妈："命运真的这么残酷吗？上帝到底能不能帮助我渡过难关呢？"妈妈心如绞痛，但是她不能在纳特面前表现出绝望，因而她微笑着告诉纳特："上帝是非常仁慈的，他也充满智慧。为了让你变成坚强的孩子，上帝才派这些疾病大魔头来考验你。你看，在一次一次与疾病大魔头斗争的过程中，你不是变得更加强大了吗？妈妈相信你这次也一定能安然渡过难关。"妈妈的安慰让纳特稍微平静了一些，他暗暗告诉自己：上帝在看着我呢，我一定要坚强和勇敢，不能让上帝失望。

医生对纳特进行了脊椎穿刺手术，这样的痛苦是很多成年人都难以忍受的，但是在长长的钢针扎进脊椎里抽骨髓时，纳特却忍受着剧痛，一动也不动。他相信上帝正在看着自己。两个星期之后，纳特的面瘫症状消失了，但是他的嘴巴却出现了新问题。他无法清晰地说话，也无法准确地表达自己。幸好哥哥与他心有灵犀，不仅能帮助他，还成为他最贴心的翻译。

此后，在妈妈的精心照顾下、在哥哥的贴身陪伴下，纳特坚强地与病魔作斗争。他和所有孩子一样正常地去学校学习，除此之外，他还会努力锻炼自己的嘴巴，让自己学会说话。经历了多灾多难的童年，纳特终于从弱不禁风的孩子成长为一个少年。他从未放弃过对自己的拯救，听说运动能够让体质变

> 内在疗愈
> 为什么努力了没回报

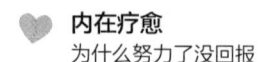

强，他就主动学习打篮球。虽然在打篮球的过程中，因为反应迟钝，他经常受到伤害，但是他从未被疼痛吓倒过。后来，篮球队的伙伴们都觉得纳特反应太慢，因而不愿意和纳特一起玩。又是哥哥坚决地陪在纳特身边，与纳特一起在家中简陋的条件下玩篮球。长大成人之后，纳特居然成为NBA球队的签约队员。不得不说，这是生命创造的奇迹。

纳特之所以能从一个命运多舛、饱受病痛折磨的孩子成长为追风的少年，就是因为他从来没有放弃自己。在他的坚持下，也在妈妈和哥哥的支持下，命运最终向他屈服。他成为自己人生的主宰者，也获得了全世界的掌声。

人生就像一片汪洋大海，我们是选择在大海惊涛骇浪的时候乘风破浪，还是选择逃避，这决定了我们的人生最终将会去往何方。既然不管是回头还是向前，都要穿破这残酷的海域，我们为何不能坦然接受命运的安排，走出人生的困境。人生的钥匙始终掌握在你的手中，你是你自己人生的主宰者。

唯有勇于承担责任，才能竭尽全力做得更好

现代社会，很多人觉得自己活得很累，这是因为生活节奏越来越快，工作压力越来越大。尤其是在现代职场上，很多人

第10章 那些泥泞的日子，会造就优秀的你

都处于亚健康状态，除了因为工作劳累之外，还因为身心俱疲导致心理上难以承受。正因为如此，越来越多的人开始逃避责任，他们内心变得浮躁，对于人生必须承担的责任总是显得手足无措。实际上，责任并不是压倒人们的最后一根稻草。如果人们积极地承担责任，那么就可以把责任感转化成不断推动人生进步和前进的动力。除此之外，责任还能激发人们潜在的力量，让人们始终保持坚强和乐观的心态面对人生，也真正地在人生中崛起。

现代职场上，很多企业在招聘员工时，尤其注重员工的责任心。因为责任心是员工做好工作的前提条件，也是员工具备执行力的基础。一个对于工作具有责任心的人，一定会对工作尽心竭力，而且对工作有超强的执行力；一个对于生活有责任心的人，一定不会轻易放纵自己，而是会让自己和身边的人都得到更好的对待和照顾。

从这个角度而言，如果一个人缺乏责任心，几乎变得无可救药。高度的责任心使人们在完成任务时更加勇敢决绝，哪怕对于生活和工作中的小细节，他们也会不遗余力地做到最好。有责任心的人也往往有很强的时间观念，他们不会让自己的工作和生活无限地拖延下去，而且他们深知时间就是生命。他们会在规定的时间里完成相应的任务，这样一来他们在工作和生活中的表现自然无可挑剔。现代社会竞争越来越激烈，每一个

内在疗愈
为什么努力了没回报

工作岗位都有着非常严格和苛刻的要求。和几十年前的计划经济时代相比，再也没有人能够蒙混过关了。要想在工作中有出色的表现，我们就必须具有责任感，从而认真对待工作，努力完成工作。甚至对于很多企业管理者说，一个员工的创新能力和超高的技术水平并不是最重要的，最重要的而是责任感。一个有责任感的员工，即使没能在工作中出类拔萃，也会成为企业的中坚力量，成为企业的支柱。

责任心不仅在职场中至关重要，而对于每个普通人也是非常重要的。每个人都肩负着自己的责任，要想负好责任，就要对自己的责任有清晰的认识，也能够当机立断负起自己的责任。在现实生活和工作中，很多人都有拖延的毛病，尤其是现代社会患有拖延症的人越来越多，他们不管遇到什么事情，第一时间都是希望先等一等看看再说，而实际上条件在任何时候也不会完全具备，如果等到时机成熟再去解决问题，也许就错过了最佳的时机。不得不说，所谓的拖延是一时逃避责任的行为，尽管每个人都希望把事情做到尽善尽美，但是这个世界上并不存在真正的完美。没有人能够像诸葛亮那样神机妙算，做到万事俱备，只欠东风。既然如此，哪怕面对非常艰巨的任务，我们也只能先当机立断展开行动，然后在不断尝试的过程中寻找更好的解决办法。

1861年，美国爆发了内战。当时担任总统的林肯接连换了

第10章
那些泥泞的日子，会造就优秀的你

五位统帅，最终才找到最适合担任统帅的将军。之前的四位统帅之中，没有任何一个人能够完全执行总统的命令，因而注定了他们无法完成总统给他们下达的任务——平定内乱。当林肯总统决定任命第五位将军作为统帅时，很多人都劝说林肯不要重用这位统帅，因为这位统帅是一个不折不扣的酒鬼。但是林肯偏偏下定决心要任用这位统帅，最终这位统帅坚定不移地执行林肯的命令，完成了平定内乱的任务。这位统帅就是世人眼中的酒鬼——格兰特将军。对于格兰特将军，很多人都心生疑虑，他们根本不相信格兰特将军能够完成如此艰巨的任务。

面对当时严重的内乱，第一位将军决定先封锁消息，控制局面，然后再审时度势，作出决定。然而，这并不是林肯想要的结果。第二位将军说必须把部队全部整合起来，才能平定内乱。显然林肯不打算这么做，而且也等不了这么久的时间。第三位将军说他需要把部队从牙齿武装起来，他的过于谨慎也使林肯对他大失所望。第四位将军坚持要等待最佳的时机，从而避免主动出击造成的损失。显而易见，林肯对这四位将军的回答都很不满意。不可否认的是，这四位将军各有各的顾虑，而且各有各的道理，但是他们在做出这样的决定时，心中其实都想着要推卸责任。他们力求完美解决问题，这恰恰暴露了他们的内心——根本不想承担责任。只有第五位将军格兰特说："既然我们都没有准备好，那么敌人也一定没有准备好。

> **内在疗愈**
> 为什么努力了没回报

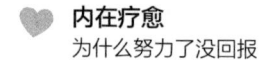

如此一来，我们还在等待什么呢？我们必须当机立断，马上出击！"这恰恰是林肯最想得到的答案，因此林肯当即决定让格兰特担任统帅，率军平定内乱。格兰特果然不负众望，他担任北军司令之后统率三军，勇往直前，浴血沙场。有人在林肯面前说格兰特是个酒鬼，林肯却说自己很愿意给格兰特送爱喝的酒。在林肯心中，格兰特哪怕嗜酒如命，也并不影响他的优秀。他总是那么敢于承担责任，而且具有完全的执行力。最终格兰特青史留名。

毋庸置疑，每个人都需要承担责任。虽然责任让我们感到压力山大，但是责任也会让我们充满动力。唯有肩负责任，我们才能激发自己的潜能，才能让自己始终充满力量，斗志昂扬地完成看似无法完成的艰巨任务。

有的责任是别人强加于我们的，有的责任是我们主动承担的。和前者相比，后者自然会给我们更强大的动力。所以不管是在生活中，还是在工作中，我们都应该勇敢地承担起属于自己的责任，竭尽全力让自己做得更好。否则，如果我们一味地逃避责任，那么人生也会失去动力，变得消极被动。

参考文献

[1]顾一宸.管他努力有没有回报，拼过才是人生[M].南京：江苏凤凰文艺出版社，2018.

[2]焦庆锋.你不努力，谁也给不了你想要的生活[M].长春：吉林文史出版社，2019.

[3]美崎荣一郎.精准努力[M].崔童，译.北京：民主与建设出版社，2021.

[4]李尚龙.你的努力，要配得上你的野心[M].北京：北京联合出版有限公司，2018.